WATER:
Science and Solutions for
Australia

澳大利亚的
水科学与探索之路

[澳大利亚] Ian P Prosser 主编

刘佳 李传哲 焦裕飞 田济扬 等 译

中国水利水电出版社
www.waterpub.com.cn

·北京·

内 容 提 要

　　全书包括11章，分别从澳大利亚的水资源现状与利用、水资源的价值、水与气候、地下水、水质、城市水资源的可持续利用、未来城市供水、灌溉、环境用水、采矿业与工业用水等方面展开，围绕如何高效利用水资源以满足城市、农业、工业及环境日益增长的用水需求，详细介绍了近年来澳大利亚在水资源管理和开发利用中所面临的科学问题以及解决对策。

　　本书可供水文水资源、水环境等专业的本科生、研究生学习，也可供从事水文水资源、水环境、气候变化影响评估相关研究技术人员和从事水资源相关工作的管理人员参考使用。

Originally published in Australia as:
Water： Science and Solutions for Australia
By Ian P Prosser （Editor）
CSIRO Science and Solutions for Australia Series
Copyright CSIRO 2011
This edition published with the permission of CSIRO Publishing，Australia

北京市版权局著作权合同登记号为：01－2017－5362

图书在版编目（ＣＩＰ）数据

　　澳大利亚的水科学与探索之路 ／（澳）伊恩·普若瑟（Ian P Prosser）主编；刘佳等译. -- 北京：中国水利水电出版社，2019.11
　　书名原文：Water: Science and Solutions for Australia
　　ISBN 978-7-5170-8300-9

　　Ⅰ．①澳… Ⅱ．①伊… ②刘… Ⅲ．①水资源管理－研究－澳大利亚②水资源利用－研究－澳大利亚 Ⅳ．①TV213

中国版本图书馆CIP数据核字(2019)第292903号

审图号：GS（2020）142 号

书　　名	**澳大利亚的水科学与探索之路** AODALIYA DE SHUI KEXUE YU TANSUO ZHI LU
外 文 书 名	Water：Science and Solutions for Australia
原　　著	［澳大利亚］Ian P Prosser　主编
译　　者	刘佳　李传哲　焦裕飞　田济扬　等 译
出 版 发 行	中国水利水电出版社 （北京市海淀区玉渊潭南路 1 号 D 座　　100038） 网址：www. waterpub. com. cn E-mail：sales@ waterpub. com. cn 电话：（010）68367658（营销中心）
经　　售	北京科水图书销售中心（零售） 电话：（010）88383994、63202643、68545874 全国各地新华书店和相关出版物销售网点
排　　版	中国水利水电出版社微机排版中心
印　　刷	北京瑞斯通印务发展有限公司
规　　格	184mm×260mm　16 开本　11.75 印张　350 千字
版　　次	2019 年 11 月第 1 版　2019 年 11 月第 1 次印刷
定　　价	**58.00 元**

译　序

澳大利亚在水资源管理、流域综合管理、水权水市场、跨流域调水、河流环境流量控制等方面起步较早，成绩斐然，走在世界前列。本书是近期澳大利亚在水资源利用和管理研究方面较为全面的一部专著，内容包括澳大利亚的水资源现状与利用、水资源的价值、水与气候、地下水、水质、城市水资源的可持续利用、未来城市供水、灌溉、环境用水、采矿业与工业用水等，详细介绍了近年来澳大利亚在保护和高效利用水资源的挑战中，尤其在应对增长的用水需求和气候变化方面，所面临的科学问题以及探索之路。许多宝贵经验对我国开展的流域生态保护、综合管理等研究具有重要的参考价值。

感谢澳大利亚联邦科学与工业研究组织的张橹（Lu Zhang）教授推荐此书。张橹教授是国际知名的生态水文学家，是《Water Resources Research》副主编，现任澳大利亚联邦科学与工业研究组织水土研究所一级研究员。在流域水热耦合平衡、植被和气候变化对水文循环影响评估、土壤-植被-大气水文过程模拟等方面发表了一系列有重大影响的原创性论文，以其名字命名的"Zhang Curve"是目前水文学界估算植被和气候变化对水循环影响的最常用方法之一。张橹教授长期致力于中澳水文水资源领域的合作与交流，是中澳流域管理联合研究中心的发起人之一，与中国水利水电科学研究院等许多国内单位有着长期广泛的合作。

本书的翻译工作得到了译者承担的国家水专项课题（2018ZX07110001）、国家自然科学基金委员会优秀青年科学基金项目（51822906）、国家重点研发计划课题（2017YFC1502405）、科技部国家国际科技合作专项（2013DFG70990）、中国水利水电科学研究院"五大人材"计划"基础研究型"人才项目（WR0145B732017）的共同资助。全书共11章，第1章水资源现状与利用，由刘佳、李传哲、李欣昭、张晓娇翻译；第2章水资源的价值，由刘佳、李传哲、焦裕飞翻译；第3章水与气候，由刘佳、田济扬翻译；第4章地下水，由刘佳、焦裕飞翻译；第 5 章水质，由李传哲、王维翻译；第 6 章城市水资源的可持续利用，由焦裕飞、邱庆泰、陈娟翻译；第 7 章未来城市供水，由李传哲、王维、刘昱辰翻译；第 8 章灌溉，由邱庆泰、田济扬、王一之翻译；第 9 章环境用水，由刘佳翻译；第 10 章采矿业与工业用水，由李传哲、田济扬、聂汉江翻译；第 11 章总结，由刘佳、李传哲、焦裕飞翻译；前言、致谢等其他部分由刘佳翻译。全书由刘佳、李传哲统稿。

在本书的翻译过程中，中国水利水电出版社编辑蔡晓洁，澳大利亚联邦科学与工业研究组织出版社 Claire Gibson 女士给予了鼎力的帮助和支持，在此深表感谢！

鉴于译者水平有限，书中的一些观点、表达等可能存在翻译不够准确或不妥之处，欢迎广大读者与同行专家给予批评指正，以便译者在今后的工作中不断完善。

译 者

2019 年 5 月

序

Megan Clark，澳大利亚联邦科学与工业研究组织首席执行官
Andrew Johnson，澳大利亚联邦科学与工业研究组织环境团队执行官

澳大利亚联邦科学与工业研究组织（CSIRO）成立的宗旨是在澳大利亚面临重大挑战与机遇时提供科学建议。我们向您推荐本书，它是澳大利亚在水资源管理中科学应对挑战与对策方面最新的成果。

作为一个在干旱大陆上生存发展的国家，澳大利亚在应对洪水和干旱等极端事件上有着悠久的历史。近十年来，随着水旱灾害发生频率的进一步加剧，澳大利亚的水资源及其赖以维持的生态系统进一步显露了其脆弱性。毋庸置疑，我们的社会也在保护和节约水资源的挑战中，尤其在应对日益增长的用水需求和气候变化方面，不断地学习和积累经验。本书试图在专业的科技文献与广大的社会认知之间构架一座桥梁，同时不失水资源系统这一复杂议题所应有的科学深度。书中的各个章节涵盖了澳大利亚的水问题现状和未来展望，水资源的各种价值，以及怎样高效地利用水资源以满足城市、农业、工业以及环境的需求。在这些看似冲突的用水需求之间寻求平衡并且提高用水效率，对澳大利亚来说有极其重要的意义。

澳大利亚联邦科学与工业研究组织通过主持澳大利亚国家水健康旗舰研究计划，正在积极地通过开展科学研究来帮助澳大利亚政府和世界其他国家应对用水需求快速增长下的水资源供给和可持续发展所带来的挑战。50多年来，我们的科学家一直在致力于完善对水资源的科学认知，并且正在努力寻求新的方法来帮助澳大利亚的社会、工业和生态系统更好地利用和处理水资源。

我们的这项重要工作得到了来自国内与国际合作方的大力支持。我们与澳大利亚和来自全球的许多高等院校、工业组织、研究单位、政府

机构开展了不同层面的合作，探索澳大利亚的水问题，寻求实际的、科学的解决之道。

　　作为澳大利亚国家级的科研机构，我们将继续致力于科技创新，提供解决方案，以帮助社会、工业和政府更好地了解和推进澳大利亚的水资源管理。

致　　谢

本书的主编和全体作者由衷地感谢 Richard Davis 和 John Radcliffe，以及参与编写此书的 Peter Hairsine、Neil McKenzie、Bill Young、Megan Clark、Andrew Johnson，感谢他们在本书审阅过程中提出的宝贵意见。同时，向澳大利亚联邦科学与工业研究组织出版社的 John Manger 和 Tracey Millen 致以衷心的谢意，感谢他们在此书出版过程中提供的帮助和指导。

本书所涉及的研究成果大部分来自于澳大利亚联邦科学与工业研究组织主持承担的澳大利亚国家水健康旗舰研究计划，我们想要感谢参与此项研究计划的同事们，向他们在本书撰写过程中的付出、创意和支持表示感谢。

我们还要感谢 Therese McGillion、Kieran O'Shea、Steve Page、Jenny Baxter、Siwan Lovett、Robin Jean (Themeda) 和 Fiona Henderson 所提供的帮助。感谢 Swell Design Group、澳大利亚联邦科学与工业研究组织出版社、Greg Rinder、Linda Merrin、Heinz Buettikofer 以及 Simon Gallant 等公司和个人在本书插图制作中做出的贡献。

感谢澳大利亚联邦科学与工业研究组织负责澳大利亚国家水健康旗舰研究计划的 Mary Mulcahy 与 Ian P Prosser，是他们组织和策划了此项出版工作。

前言

无论在世界何处，水资源总是人类选择栖息地和生存方式的主要决定因素。澳大利亚也不例外，当地的原住民和来自欧洲的殖民者们都选择定居在有着丰富和可靠水源的地区。因此，在澳大利亚这个全球最干旱的大陆上，80％的人口聚集在澳洲大陆相对湿润的绿色边缘地带。

水对经济的发展和人们的生活方式来说至关重要，对水资源的消耗量也随着人口的增长以及农业和其他产业的发展而不断增长。用水需求的持续增长，拉动了对大型水利工程的投资，显著促进了澳大利亚的经济增长，但也付出了生态环境代价。

澳大利亚的用水主要分为农业灌溉用水、工业用水和生活用水，大部分取自于河流、湖泊和地下水。从全国范围来看，澳大利亚利用了6％的可再生的水资源（地表径流和地下水补给），但这些用水仅仅集中在少数地区，如墨累-达令流域和各州首府周边的流域。

近年来，澳大利亚正面临一系列的挑战：持续增长的城市人口，农业和纺织业不断增长的用水需求，以及气候变化下的环境可持续发展问题。这些挑战看似并非是澳大利亚独有的，但不同于其他发达国家的是，澳大利亚巨大的降雨变率和干旱的气候条件加大了问题的复杂性。年际差异大和多年平均量少，共同决定了澳大利亚水资源的稀缺性。在澳大利亚，多变的气候条件意味着更多的水资源需要被储存起来以保证可靠的供水。墨尔本供水系统的人均储量是伦敦人均储量的十倍。

相对于人类而言，澳大利亚本土植物和动物却可以很好地适应水资源变率大的特点。认识到对多变水供应的依赖性，是保护生态系统和维持生态系统功能的关键。澳大利亚高度重视河口和河流对发展旅游观光、便利设施以及商业和娱乐性航运、游船和垂钓的价值，这些均可看作是水生态系统所提供的服务价值。此外，水生态系统的服务价值还包括污废水处理，防洪减灾，维持生物多样性，作物病虫草害防治等。然而，水资源消耗量的增长和扩大水利基础设施建设在一些地区导致了一定程度的环境恶化，影响了生态系统的上述服务功能。此外，一些本质上十分珍贵的环境资源，包括广阔的河漫滩湿地和森林、标志性物种如墨累鳕鱼，在用水量增加以及虫害、水质恶化等其他因素的威胁下，资源量出现了显著的下降。

在新南威尔士州的希尔斯顿探讨水问题（摄影：Bill van Aken，澳大利亚联邦科学与工业研究组织）

澳大利亚面临的挑战不仅仅是解决当前存在的问题，还需要防患于未然。2050年澳大利亚的人口预计增长至少50%，用水需求也会随之持续增长。全球粮食需求将会翻倍，采矿业与工业的增长也会给水资源带来更大的压力。未来竞争性的用水需求意味着，把超额配置系统调整到可持续使用水平将会比当前更加困难。保护可靠的城市供水系统，尤其是澳大利亚的四个主要城市地区（珀斯、墨尔本、悉尼、昆士兰东南地区）的供水系统，需要有长远的计划和充足的基础设施投资。在有限的水资源条件下持续提升农业生产力，需要政策、技术、知识领域的更多创新，以实现对灌溉用水更智能、更高效率的输送和利用。

随着用水需求的持续增长，澳大利亚某些地区可利用水资源量出现了明显下降趋势。自20世纪70年代中期，在气候变化影响下，澳大利亚西南部的珀斯的水库入库流量与早前的长系列均值相比减少了一半以上。研究表明，1997—2009 年在澳大利亚东南部发生的前所未有的干旱就蕴含了气候变化的信号。这个信号与此前的气候变化预测结果一致：全球变暖将会使澳大利亚南部的降雨量减少。深入的研究将进一步量化这些信号。

传统上对大型水利设施包括大坝的水资源规划与工程设计，多依赖于降雨、气温和河川径流的历史实测资料完成。如今，科学家、工程师和决策者都一致认为，除了历史数据以外，水资源规划和投资还必须考虑未来可能出现的多种气候与水文情景模式。正如开车一样，前方的道路是不确定的，而只看后视镜的行为是不可取的。

面对某些区域持续增长的用水需求和不断减少的供水能力之间的矛盾，澳大利亚需要首要解决的一项艰巨任务便是，在以直接经济效益为目的的用水需求和以间接效益（例如，用于环境保护和维护生态系统服务功能）为目的的用水需求之间实现平衡。

在未来，与水量一样，水质同样需要引起关注。水质需要达到一定的标准才能满足不同用途的需求。水污染会妨碍或减少未来水资源的可利用量，使其更难满足对资源日益增长的需求。这对地下水来说是个更大的挑战，地下淡水资源的过度利用会造成土壤盐渍化，对未来利用地下水资源产生障碍，并使依赖于地下水资源的淡水生态系统发生恶化。

应对挑战

澳大利亚政府一直以来都在积极开展水资源管理改革，以应对不断变化的水资源挑战。澳大利亚宪法规定，水资源管理是州政府和领地政府的责任，澳大利亚联邦政府主要负责协调和管理国内竞争政策、国内及国际环境政策、跨州界的水资源管理（主要涉及墨累-达令流域、大自流流域、艾尔湖流域）以及相关资金资助计划。

改革措施日益突出了水资源作为一种经济商品或服务的属性，如通过规定取水的合法权利，实现了用户间对取水权和水资源季节配置的交易。改革实现了水资源供给的私有化，包括供水设施为政府所有、供水部门的角色和用水规则相互分离。改革后的水价通过波动态势来反映供水和水处理的总成本，并对额外服务收取额外费用。

改革的第二个主要目标是使水资源管理具有更强的环境可持续性。

千禧年干旱时期的南澳大利亚，乔维拉洪泛平原的蒙诺曼河，正在枯萎的赤桉树和暴发的蓝藻水华（摄影：Ian Overton，澳大利亚联邦科学与工业研究组织）

新南威尔士州马兰比季流域的古岗水库（摄影：Greg Heath，澳大利亚联邦科学与工业研究组织）

从利用量或利用方式上看，澳大利亚很多地区都有过度利用开发水资源的现象，该现象引发环境恶化已经超出了社会的承受限度。2007年澳大利亚联邦水法的通过，是水资源管理改革的一个重要里程碑。该法试图在墨累-达令流域开展一项流域计划，以实现水资源的可持续管理。这项水法为更加正规的环境水资源管理铺设了道路，其设立的"联邦环境用

2010 年 10 月布里斯班威文霍大坝的一场调节泄洪（摄影：Mat Gilfedder，
澳大利亚联邦科学与工业研究组织）

水机构"，负责管理超过 100 万 m³ 的取水权及其季节配置，可以更好地
为环境利益服务，这就好比为经济利益管理其他权利那样。

改革凸显了水资源的商品价值，也促进了要多对技术与知识领域的
投资，从而实现更加智慧和高效的水资源管理。在全球限制碳排放量的
大背景下抽取地下水和淡化海水却需要大量的能源。这意味着经济发展
中的水足迹与能源足迹同等重要。应通过更好地循环和再利用方式使用
水资源，而不是仅仅使用一次然后便是污水处理。

科技的作用

为了为后代更好地保护水资源，澳大利亚政府、行业和社会都迫切
希望了解当前和未来可利用水资源的状况，并在此基础上寻求满足各种
用水需求的方法。他们希望更好地了解气候变化和用水增长对河流和地
下水系统的影响，并确信当前用水不会由于污染、过度使用或环境退化
而损害未来水资源的供应。对生态、人类健康和水污染的更深入了解，
将在很大程度上帮助他们制定用水规划，以保证包括环境用水在内的所
有用水户的安全可靠用水。

对有限水资源需求的不断增长，要求人们在灌溉、城市和环境用水
中探索更高效的水资源利用方式。这将激励技术创新，通过使用更少的
水资源来维持原有或提供更好的产品和服务。例如，在粮食生产、选矿

悉尼的沃洛诺拉大坝（摄影：Greg Heath，澳大利亚联邦科学与工业研究组织）

工艺、生活用水中提高用水效率，在维持产出的同时减少用水需求。通过循环和再利用，优化配置水资源以满足不同用水户的需求。高效的淡化和循环技术，以及对地下水资源的合理开发利用，可以有效增加水资源的可利用量。将来，河流和水利工程管理将会从主要供给城市和灌溉，向平衡生活、农业和环境用水的方向转移。新的技术可以帮助我们更好地了解和管理水资源。例如，地面雷达和卫星遥感技术可以实现对降雨的精确监测，从而全面提升全国范围的降雨预报能力。

科学家们利用准确的监测数据，通过科学实验、假设检验、批判分析等技术手段，使重大决策的制定更加有据可循，以更好地应对未来不可预知的情况。例如，新的探测设备与信息技术将会使城市水污染得到更及时的监测和修复。有效的监测和评价可以降低调水修复生态系统可能引发的未知风险。准确预测未来气候变化对水资源的影响以及未来资源量的需求，可以有效维护基础设施建设的投资价值。

近年来，随着水资源管理挑战的不断升级，水科学与相关技术也得到了持续发展。水生生态系统的研究成果可以直接服务于解决水资源配置和环境用水问题的政策制定。当前的研究热点集中在生态预测，即研究如何通过增加受管理用水量来实现生态效益的最大化，如同通过改善灌溉供水来提高粮食产量一样。

目前，水利基础设施建设正在获得大量资金投入，并且投入水平预计在未来仍将持续。同样的资金量还投入到了运行和维护供水系统、净化系统和污水处理系统中。因此，研究如何降低其运行成本和延缓资本成本将产生很高的经济价值。在未来，国家的稳定与否或将取决于其是否具备向多个竞争用水户提供高质量供水的能力。科学研究将继续探寻能够有效提高供水效率和用水户利益的途径和方法。

Bill Young and Ian P Prosser

目录

第 1 章

水 资 源 现 状 与 利 用

Ian P Prosser

本 章 摘 要

（1）总体来说，澳大利亚有足够的水资源储量来支持目前的使用，即每年消耗 6% 的可更新的水资源量。

（2）通过澳大利亚农产品出口，目前对降雨与水资源的利用能够满足 6000 多万人的需求。

（3）澳大利亚的水资源分布极不均匀，年际变化大，这意味着在一些地区的水资源被过度使用的同时，其他地区的水资源还基本未被开发。

（4）澳大利亚的干旱地区和巨大的潜在蒸发量，给农作物和城市对水资源的高需求带来了挑战，同时水库和内陆河流又发生了大量的水资源损失。

（5）有些水资源面临的风险包括丛林大火和无许可用水，这可能会减少有许可证用户的可用水量。

1.1 澳大利亚水资源及其利用状况

澳大利亚是否具备足够的水资源来满足当前和未来的使用需求，这是一个普遍的问题。为了更全面的回答这个问题，需要考虑水资源的可持续性以及由于气候变化可能导致的水资源变化，但最重要的出发点是将澳大利亚的水资源状况与对水资源的使用情况加以比较。

澳大利亚年平均降雨量为 417mm（表 1.1）[1]，这些降雨可增加 3.7×10^4 亿 m^3 的水量。降雨满足了澳大利亚的旱地（非灌溉）农业和一些家庭用水（通过雨水池）需求，但降雨本身并不是水资源管理的法定资源。只有当雨水流入小溪、河流和湖泊，或者与地下水含水层进行水量交换时，它才会成为一种可管理的资源。

径流和补给的总和是可更新的水资源总量。它可以被提取、存储、管理、调节、分配并用于各种用途。总的来说，在澳大利亚只有 9% 降雨转换成了径

表 1.1　　　　　　　　　年平均可更新水资源量的主要去向[1-3]

条　目	年 平 均 量
降雨量	$3.7×10^4$ 亿 m^3（417mm）
径流量	$3.5×10^3$ 亿 m^3（占总降雨量的 9%）
地下水补给量	640 亿 m^3（占总降雨量的 2%）
可再生水资源总量	$4.14×10^3$ 亿 m^3（占总降雨量的 11%）
蒸发量	$3.286×10^4$ 亿 m^3（占总降雨量的 9%）
总利用量	724.31 亿 m^3（占可再生水资源总量的 17%）
总消耗量	244.49 亿 m^3（占可再生水资源总量的 6%）

流，约 2% 的降雨渗入土壤补给地下水（表 1.1），其余的主要通过植被蒸发并回到大气中。

在澳大利亚，每年只有一小部分可更新水资源被消耗。澳大利亚统计局每 4 年就会发布一次用水报告。由于受澳大利亚南部干旱气候影响，2008—2009 年和 2004—2005 年两个阶段的用水量水平较正常水平有所降低，因此 2000—2001 年的统计数据能更好地反映在无限制条件下对水资源的需求。在 2000—2001 年间，共利用了 724.31 亿 m^3 的水量，其中 479.82 亿 m^3 的水返回河流，这其中主要水量用于水力发电，而 244.49 亿 m^3 的水被用于工业、家庭和农业（图 1.1）。在所有的用水消耗中，有 68% 用于生产粮食和纤维的灌溉农业，有 23% 用于各种工业，9% 用于家庭用水（图 1.1）。下一组关于水资源使用的统计数据将会很有趣，你会发现虽然对用水的限制已经放宽，人口也有所增加，但人们现在却更注重节约用水。

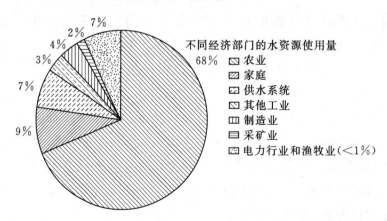

图 1.1　2000—2001 年不同经济部门的水资源消耗量

总体而言，澳洲属于一个干旱的大陆，但与世界上的其他地区相比（表

1.2），它的水资源使用率比例较低。澳洲是世界上最干旱的大陆，并且降雨转化为径流的比例在世界上是最低的[4]，单位面积的水资源量比世界上任何其他地区都少（表1.2）。然而，澳大利亚主要地区的人口密度却是最低的，因此人均水资源相对丰富，而且人均水资源消耗比其他干旱地区和世界上人口最密集的地区更少（表1.2）。

表 1.2　　　　　　　　全球水资源使用情况对比[5]

地区	单位面积可利用水资源量/($\times 10^3$ m³/hm²)	人口密度/(人/km²)	人均水资源可利用量/[$\times 10^3$ m³/(人·a)]	水资源消耗量/($\times 10^9$ m³/a)	单位资源消耗量/%
澳大利亚①	0.5	2.5	21.3	25	6.0
北美洲	2.8	20.7	13.4	603	9.9
中美洲	11.2	115.7	9.6	23	2.9
南美洲	6.9	21.5	32.2	165	1.3
欧洲中西部	4.3	107.1	4.0	265	12.6
欧洲东部	2.5	11.5	21.4	110	2.5
非洲	1.3	32.7	4.0	215	5.5
中东	0.8	47.1	1.6	271	56.0
中亚	0.6	18.5	3.0	163	62.0
南亚和东亚	5.5	174.4	3.2	1991	17.1
大洋洲②	1.1	3.3	33.0	26	2.9
全球	3.2	50.4	6.4	3832	8.9

① 数据来源于表1.1。
② 包括澳大利亚。

澳大利亚的水资源主要用于支撑国内2200多万人口的用水。水用于所有商品的生产和服务，特别是食品和纤维产品（如棉花）的生产。例如，生产1双皮鞋大约需要8m³的水，生产1kg的奶酪需要大约5m³的水[6]。生产需水原则可以应用在全球范围内，以表明澳大利亚等一些国家用来生产出口产品的水量远远超过其进口。一些人口密度高、耕地面积小的国家往往是实体水的净进口国，因为它们进口了大量的食品，出口一些用水较少的商品。

澳大利亚大量农产品都用于出口，许多工业制品依赖进口，相比于生产那些可进口的产品，该国将大部分水用于支持国内消费和生产出口农产品。来自"水足迹网"的数据显示[7]，澳大利亚有效地支持了大约6700万有高消费水平的人口。

在新南威尔士州耶达附近检查水稻生长（摄影：Greg Heath，
澳大利亚联邦科学与工业研究组织）

　　用于农业生产的大部分水源自用于旱地农业的降雨，而不是从河流和地下抽取用来灌溉的水。在考察不同作物的水利用效率时，不应直接将这两种类型的水进行比较。灌溉所消耗水量来源于从河流和地下水中消耗的那部分水量，这部分水不仅用于灌溉，也用于维持河流、湖泊和河口的环境价值。雨水不仅可以通过旱地作物蒸发消耗，也会通过自然植被或者其他覆盖植被蒸发消耗。只有当旱地农业减少了流入河流和地下水的水量（可能是通过农场大坝蓄水），才会对水资源和其他水资源的使用造成影响。

　　从全球视野来看澳大利亚，尽管有足够的水资源来满足需求和支持贸易，但澳大利亚近期仍然有水资源短缺的状况出现。导致该问题的主要原因是水资源的分布及其使用的不均。

1.2　澳大利亚水资源格局

　　澳大利亚海岸沿线气候湿润，内陆则较为干旱。澳大利亚北部、东部及西南部的海岸和山区的降雨量中等偏多，但其他地区则比较干燥。干旱指数常用来衡量大陆干旱程度，干旱指数即潜在蒸发量与降雨量之比（图 1.2）。潜在蒸发量是指在充分供水的条件下可能发生的蒸发量，而实际的蒸发量则要低得多。原因是下垫面在大部分时间里都是干燥的，不能提供充足的水分用于蒸发。如果降雨不足以满足潜在蒸发条件，那么该地区将至少具有季节性干旱特点。当降雨量大于潜在蒸发量时，干旱指数会小于 1.0，此时会有一部分多余的水用来保持土壤湿润，而另一部分会转化成径流，植物生长便不会受到水分限制。在澳大利亚，只有塔斯马尼亚西部、澳大利亚山脉和昆士兰州湿热带的年平均干旱指数小于1.0。

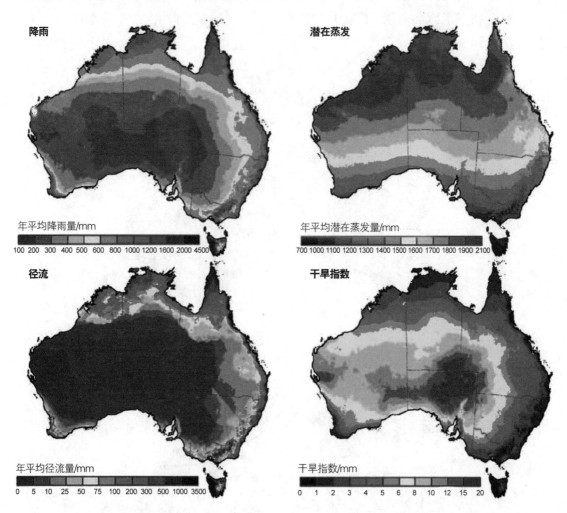

图1.2 澳大利亚降雨、潜在蒸发（PET）、径流、干旱指数分布图
（注：干旱指数为潜在蒸发和降雨的比值。在干旱指数小于1.0的地区，蒸发之后多余的降雨可转换成径流；在干旱指数大于1.0的地区，降雨被完全蒸发，导致该地区出现干旱，无径流产生，作物得不到充分的灌溉。降雨和潜在蒸发数据来自于气象局数据库，径流数据来自于澳大利亚联邦科学与工业研究组织的模型和观测结果）

在干旱指数大于1.0的地区，在一年中至少有部分时间植物的生长受到水资源限制。干旱指数越大，水分亏缺越多，径流量越少。澳大利亚的大部分地区都受到水资源的限制，这些地方会出现季节性径流减少，有的甚至会出现全

年径流较小的情况。这些地区的年均值掩盖了多年来受气候变化控制所产生的巨大影响。几乎每年澳大利亚的一些地区都会经历干旱，这些地方的低降雨量和高潜在蒸发量使得干旱程度比正常情况更严重，并且会持续数年。

澳大利亚的水资源主要集中在沿海地带，国内人口和主要用水区也相应分布在这些地区。图1.3（a）显示了澳大利亚224个流域中地表水资源的分

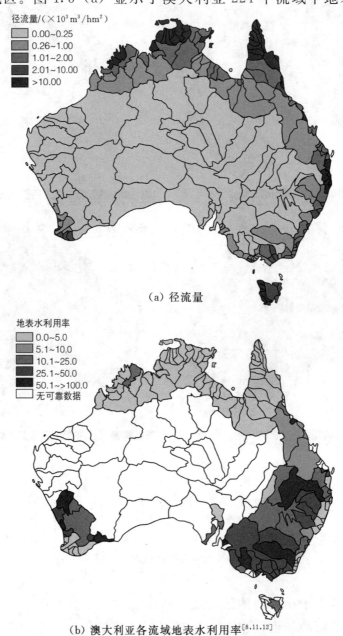

（a）径流量

（b）澳大利亚各流域地表水利用率[8,11,12]

图1.3 澳大利亚各流域地表径流量及其利用率

（由于干旱地区主要依靠地下水的使用，在这些区域地表水使用率数据并不可靠）

配情况。图1.3（b）显示了这些流域的地表水资源的使用比例。在澳大利亚首都和周边地区以及墨累-达令流域地表水的使用率已经超过40％，小型沿海河流往往比大河的地表水使用率高，这表明地表水的过度使用主要发生在靠近海岸的区域，同时大流域的水资源并没有得到充分利用。

墨累-达令流域是澳大利亚农业水资源最发达的地区，该地区每年平均消耗48％的地表水，主要集中在流域南部[8]。由于该地区的高额用水已经使依赖这些水源的河流和湿地发生退化（见第9章），所以这些地区水资源的使用程度被认为是过度的[9,10]。沿海城市主要依靠充分开发的小流域，可以从邻近的流域进行调水（例如从维多利亚州的汤普森河调水供应墨尔本、从肖尔黑文河调水供应悉尼）。维多利亚州其他沿海地区、新南威尔士州、昆士兰州、澳大利亚北部和塔斯马尼亚大部分地区的径流使用率都低于10％。这些地区具有进一步发展的潜力，但除了可用水量外，还需要考虑其他因素。

1.3　水资源利用限制条件

即使在完全开发的流域，也只有大约一半的地表水资源被利用。这反映了水资源开发和利用中的一些客观限制，以及为了保护河流和湿地环境不受退化人为设定的限制条件。澳大利亚的这些限制条件比其他地方更为苛刻。

由于水资源的空间分布极不均匀，世界上温带气候区（热带和荒漠气候带除外）的径流年际变化十分显著[13]。例如在墨累河，干旱年份产生的水量大约是湿润年份的1/10。更具有代表性的是，澳大利亚温带地区湿润年份和干旱年份的径流差异是北半球相同纬度地区的两倍。这在一定程度上是由于澳大利亚的降雨量变化较大，而这种差异导致了径流量的增加，同时还与厄尔尼诺和拉尼娜季节性气候模式的强大影响以及澳大利亚的高潜在蒸发相关。

不同年份径流量的较大差异也是大型蓄水设施提供可靠供水水量的限制条件。在较为干旱的年份，墨累-达令流域的水量较小，可利用水资源的使用率超过了60％，甚至在该年1/3的时间里可利用水资源的使用率超过了70％（图1.4），考虑到需要在河道中留下足够的水以继续供应下游用水户，因此便不能再进一步用水。在丰水年份，由于降雨充沛，只需要使用少量河道中的可利用水资源量。当年供水量与年需水平衡时，只需使用约一半的水量。

澳大利亚巨大的潜在蒸发量和多变的径流量意味着需要超大库容水库来为城市提供可靠的水源。澳大利亚主要水库每年蒸发的水量超过230亿 m^3，这与这些水库所利用的水量几乎一致[14,15]。维文霍水库蓄满水时，可以为布

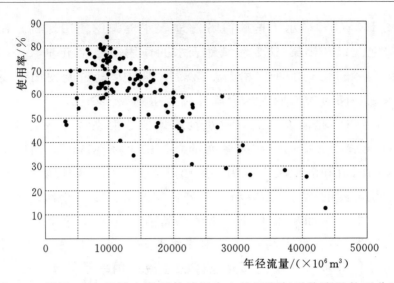

图1.4　墨累-达令流域水资源使用量占文特沃斯年平均流量的百分比

（注：文特沃斯是墨累-达令流域流量最大的点。在干旱年份，几乎全部的流量都被
使用，在湿润年份，由于降雨充足，对水资源的需求较低，水量的使用率较低）

里斯班提供10年的水量供应。但由于高强度蒸发和干旱，到2009年时，维文
霍水库接近干涸，当降雨量超过多年平均水平时，大坝蓄水量又迅速恢复。
在大型河流系统中，随着水流向下游流动，河流中的流量也会大幅减少。在
墨累-达令流域，每年平均有289亿 m³ 的径流量，但在墨累河和达令河的交
界处，一半的流量已经蒸发或者渗入地下[8]。当用水点距离水源很远的时候，
只有一小部分的径流可用。

气候干燥意味着人均用水量升高。澳大利亚室内用水水平可以与其他具
有相似生活水平的城市相媲美，但由于花园和绿地的高灌溉用水需求，因此
户外用水量较多。近年来，在一些限制措施的作用下，家庭用水量有所减少。
例如，在用水限制和对水资源保护新政策实施之前，布里斯班、阿德莱德和
珀斯等城市每年夏季的人均用水量超过了100m³[16]。在住宅密度高、花园灌
溉用水少的欧洲城市，用水量为每人每年50m³。在限制用水措施实施下，布
里斯班实现了每人每年用水53m³[16]。

澳大利亚灌溉农业也出现了类似的高用水需求情况。降雨量和潜在蒸发
量的差距越大，高产农业所需的灌溉水量就越大。澳大利亚一些灌溉地区的
蒸发量是降雨量的3～8倍（表1.3）。

澳大利亚和其他亚热带和干旱的大陆地区，如印度、中亚和东亚，以及
美国西部类似，需要灌溉来支持高产农业。在欧洲和美国的气候较温和的地
区以及潮湿的热带地区，大部分农业生产所需要的水都直接来自于降雨[17]。

表 1.3 澳大利亚主要城市及灌溉区的降雨量（P）、潜在蒸发量（$Epot$）、降雨亏缺（$Epot-P$）及干旱指数（$Epot/P$）

地　区	$P/(\text{mm/a})$	$Epot/(\text{mm/a})$	$Epot-P$	$Epot/P$
布里斯班	1046	1821	775	1.7
悉尼	1156	1624	468	1.4
墨尔本	598	1525	927	3.1
阿德莱德	500	1751	1251	3.4
珀斯	766	1884	1118	2.4
奥德灌区	870	2535	1665	2.9
伯德金河	569	2229	1660	3.8
格里菲斯	401	1808	1407	4.5
纳拉布赖	635	2023	1388	3.2
伦马克	239	1878	1639	7.7

注：数据来源于气象局数据库。

1.4　水资源的开发机遇

　　不同地区的用水量差异增加了流域之间调水的可能性。"雪山工程"每年将 10 亿 m³ 的水从雪河调到墨累-达令流域，还有几个较小的调节水库又可从墨累-达令流域取水，这样就能增加阿德莱德和墨尔本的水供应[18]。除此之外，还有更加宏伟的计划，例如修建输水管道将澳大利亚北部的水调到墨累-达令流域，布拉德菲尔德工程则是拟定从金伯利地区的菲茨罗伊河修建一条渠道以增加珀斯日益减少的地表水供应。

　　这些宏伟计划需要更大的财政支持和环境成本。例如从澳大利亚北部的金伯利修建一条输水渠，至少需要 20 澳元/m³[19]。而使用超大型油轮运输可以把成本降低至 7 澳元/m³[19]，在珀斯设置海水淡化设施的成本则只有 1.16 澳元/m³[20]。对于灌溉用水来说，用水量更大且所需成本更低，这些工程就显得更没有吸引力。例如灌溉用水的平均价格大约是 33 澳元/10³ m³（3 澳分/m³），低于城市供水价格的 1/30。目前有一项计划是从将克拉伦斯河调水到墨累-达令流域，每年将为墨累-达令流域提供 7.55 亿 m³ 的水（流域用水总量的 7%），项目总成本高达 6.56 亿澳元，再加上 130 澳元/10³ m³（13 澳分/

m³）的运营成本[4]。可见，增加城市的供水量需要一些成本效率更高的方案，而灌溉农业也在向有更多可利用水资源量的地区转移，如塔斯马尼亚北部。

孟达韦尔，西澳大利亚珀斯以东（摄影：Bill van Aken，
澳大利亚联邦科学与工业研究组织）

　　为缓解墨累-达令流域的供水压力，澳大利亚政府重新考虑开发北部的灌溉水源，北部两个流域的径流量几乎是墨累-达令流域的 8 倍。虽然澳大利亚北部的径流量较大，且具备水资源开发条件，但开发起来远没有看起来那么简单，这是因为上述的澳大利亚水资源开发利用限制因素在北方地区更为凸显。

　　澳大利亚北部气候炎热，降雨主要集中在 11 月至次年 4 月。一年当中 10 个月的降雨量都低于潜在蒸发量。澳大利亚北部大部分地区年平均降雨量超过 1500mm，农作物需水量非常高，蒸发量也是如此（表 1.3）。澳大利亚北部地区水库蓄水与供水的比例要高于澳大利亚南部。澳大利亚北部大部分径流都是以大洪水的形式出现，而这是一种灾害，并非资源，一次大洪水可能淹没地势较低的地区数周至数月。澳大利亚北部由于山谷较为开阔，除了最东边的一部分区域，其他地区可以建设大型水库的位置较少，而上游是整个流域最干旱和最热的地区[21]。

　　地下水是最重要的灌溉用水来源，澳大利亚每年可提供大约 6 亿 m³ 的地下水（图 1.5）。尽管达利地区地下水已几乎完全被分配，但北领地和昆士兰州西北部的达利、维索和乔治娜地区的地下水使用潜力最大，坎宁（布鲁姆以东）、奥德-维多利亚（库努纳拉以东）、派恩溪（达尔文东南部）、麦克阿瑟和大自流盆地等地区预计每年均可提供 0.1 亿～1 亿 m³ 的地下水。

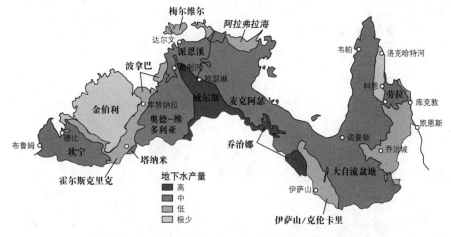

图 1.5　澳大利亚北部地下水资源利用潜力

靠近维多利亚州希勒维尔的马洛达水库（摄影：Nick Pitsas，
澳大利亚联邦科学与工业研究组织出版社）

　　水量供应只是促进灌溉发展的一个因素，该因素目前可能不是澳大利亚北部的限制因素。北部地区灌溉发展需要考虑的其他因素包括适宜的土地和作物、基础设施的利用、劳动力以及市场。

1.5　水资源可利用性与利用风险

　　在未来，具有用水许可的用水户可获得的水量不仅将受到气候变化和丛林火灾等外部条件影响，还会受到由于用水许可和管理造成的内部条件影响。主要风险包括：

　　（1）气候变化（第 3 章）。

　　（2）森林大火。

　　（3）种植业及植被恢复。

　　（4）农场水坝。

　　（5）河漫滩砍伐。

　　（6）未经许可的地下水钻孔（第 4 章）。

　　（7）地表水和地下水的重复计算（第 4 章）。

　　（8）矿井用水（第 10 章）。

　　（9）灌溉退水减少（第 8 章）。

　　森林大火会对水资源的使用造成影响，这是因为森林植被的再恢复往往比其本身的生长要消耗更多的水。这种影响在澳大利亚南部的森林地区最为明显，新南威尔士州和维多利亚州的森林大火通常会将所有的树木烧成灰烬。为了恢复烧毁前的森林密度，需要消耗大量的水资源，甚至可以减少该地区几十年的径流量。在 2003 年和 2006—2007 年期间，维多利亚州的森林大火烧毁了 100 多万 hm² 的森林，这些森林大火带来的影响共减少了墨累河（与欧文河的汇合点处）每年将近 2.55 亿 m³ 水资源，约占年径流量的 3%[22]。

　　森林种植园和农场水坝消耗的水量远远大于它们所替代的农业生产活动所消耗的水量，因此森林种植园和农场水坝的扩张会减少河川径流量。正是在森林种植园取代牧场而不是现有森林的地方，用水量显著增加。

　　漫滩采伐、不受限制的地下水开采和采矿是在未经许可情况下对水资源的直接使用，并会影响到对水资源拥有使用权的其他用户。以上这些活动，连同种植园和农场的水坝，被称之为"截流"，因为它们拦截（或使用）了那些原本会补给常规水资源的水量。这些水的使用量很难衡量，但国家评估（表 1.4）表明这部分水量十分巨大。虽然截流已经存在数十年，但这并不令人担忧，因为这些水量包含在评估水资源可利用量和分配权限之内。拦截土地活动在未来有继续扩大的趋势，并将对水资源的使用造成较大的风险，因为它减少了那些拥有用水许可的用户可利用的水量。尽管从表 1.4 中显示全国范围内拦截活动影响的水量在未来并不大，但是这些活动通常集中在特定的山谷中，因此局部影响显著[23]。在截流性土地活动有重大影响的地区，一个可能的解决办法是将使用权纳入权利体系。

表 1.4	澳大利亚全国截流活动用水量[23]	
项　　目	现状用水量 /($\times 10^6$ m^3/a)	到 2030 年新增用水量 /($\times 10^6$ m^3/a)
种植园	2000	62
农场水坝	1600	300
河漫滩采伐	890①	0②
地下水开采	1100	286

① 其中 8.8 亿 m^3 的水资源利用量发生在墨累-达令流域。
② 暂缓建设储水设施。

1.6　为澳大利亚提供更好的水信息

随着澳大利亚对有限水资源的需求日益增长，以及人们愈发地关注水资源风险，准确地获取水资源可利用量及其使用情况信息是十分必要的。水是一种重要的商业产品、社会资源和生态资源，它应该与所有其他资产一样享有同等责任制。在本书撰写过程中关于整个澳大利亚的现有可靠的水资源信息较少，由于报告时间和统计方法的差异，统计数据之间也相差较大，这进一步增加了澳大利亚水资源短缺问题的不确定性。

为了在全国范围内克服这些问题，澳大利亚国家气象局已被授权开展对全国各地的水资源进行汇编、分析和预报的工作。据估计，澳大利亚各地约有 200 家机构可收集水资源相关信息，其中一些机构的信息较难获得，难以形成全国性的图集。澳大利亚联邦科学与工业研究组织正在与气象部门合作开发一个系统，可用于自动添加、处理、分析和报告水资源信息。新旧技术相辅相成，传统的现场实测手段可以用来测量降雨、径流和地下水位等数据，新的卫星遥感技术可以用来测量植被蒸发、未衬砌的灌渠渗漏等难以直接测量的数据。

更加有效的方法是在计算机模型中结合地面观测和遥感技术来描述和预

测全国水资源状况。例如，通过卫星的遥感数据可以估算雨量站之间更大范围的降雨量，也可以估测洪泛区的流量，或者推算作物用水（图 1.6）。第 3章将会详细介绍河流流量季节预报的例子。

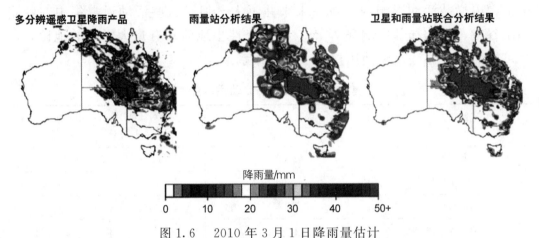

图 1.6　2010 年 3 月 1 日降雨量估计

（注：分析结果均显示在昆士兰南部和新南威尔士东北，降雨会导致大范围的洪水）

新南威尔士州华莱士周边的水坝（摄影：Greg Heath，
澳大利亚联邦科学与工业研究组织）

1.7　结语

澳大利亚是一个部分干旱的大陆。绝大多数的人生活在气候相对湿润的陆地边缘。但总体而言，澳洲大陆地广人稀，目前只使用了一小部分水资源。澳大利亚生产的大部分农产品用于出口，降雨和水资源量足够支撑6000多万人的生存。虽然总的来说有足够的水来满足国家的需求，但干旱情况也是真实发生的。

在世界范围内，温带地区河流的径流量变化十分巨大，而且澳大利亚的降雨量又是出了名的不稳定，这更增加了澳大利亚水资源的风险。除此之外，由于潜在蒸发量高，加之农作物和家庭菜园对水的需求量很大，导致河流和水坝中大量水资源流失。澳大利亚必须储存大量的水以保证持续稳定的供应，之前一些用于供应城市的大型水坝已经接近干涸。澳大利亚水资源的使用高度集中在一些大城市和墨累-达令流域的南部，这种分配是极不平衡的。此外，未来的水资源供应还面临着气候变化、森林大火以及用水许可等方面的风险。

我们也有机会去开发新的水资源，但事实上这有悖于保护那些有价值的水生生态系统，也受到其他水资源限制条件的约束，例如缺乏经济支持。在考虑如何更有效地使用水资源之前，应该反思水资源为我们提供的价值和利益。

延伸阅读

（1）Australian Bureau of Statistics（2010）'Water account，Australia，2008 - 09'. ABS cat. no. 4610. 0，<http：//www. abs. gov. au/ausstats/abs@. nsf/mf/4610. 0>.

（2）Boughton WC（ed. ）（1999）A Century of Water Resource Development in Australia. The Institution of Engineers，Canberra.

（3）CSIRO（2008）'Water availability in the Murray – Darling Basin'. A report to the Australian Government from the CSIRO Murray – Darling Basin Sustainable Yields Project. CSIRO，Canberra，< http：//www. csiro. au/resources/WaterAvailabilityInMurray – DarlingBasinMDBSY. html>.

（4）Food and Agriculture Organisation（2003）'Review of world water resources by country'. Water reports 23. United Nations，Rome.

（5）Ladson A（2008）Hydrology：An Australian Introduction. Oxford University Press，Melbourne.

（6）Northern Australia Land and Water Taskforce（2009）'Sustainable development of northern Australia'. Department of Infrastructure，Transport，Regional Development and Local Government，Canberra，<http：//www. nalwt. gov. au/files/NLAW. pdf>.

（7）Pigram J（2006）Australia's Water Resources：From Use to Management. CSIRO Publishing，Melbourne.

第 2 章

水 资 源 的 价 值

Rosalind Bark，Darla Hatton MacDonald，Jeff Connor，
Neville Crossman，Sue Jackson

本 章 摘 要

（1）作为一种社会资源，澳大利亚将水视为一种有着极高经济、环境、社会和文化效益的资源，但这些效益有时也会彼此冲突。

（2）绝大多数商品的生产过程都离不开水，并且水环境支撑了诸如渔业、旅游和娱乐等行业的经济用途。

（3）健康的水环境能提供宝贵的生态系统服务（包括水质和栖息地维护），并促使人们发自内心的重视与水相关的环境价值。

（4）对澳大利亚原住民来说，水是文化、身份和生计的核心，但水的这些价值却鲜为人知。

（5）日益加强的市场机制，如水贸易机制，被用来解决竞争性利用，但是法规、社会意愿以及生态系统服务价值评估在未来也将成为重要的驱动力。

人们一般基于不同的标准来评判水及其环境的价值。水对人类的生存和福祉至关重要，对粮食生产起着决定性的作用，也是许多制造业和工业生产过程的组成部分。澳大利亚人与包括河流、湖泊、河口、海岸在内的水环境有一种深层次的联系，这种联系构成了许多娱乐和旅游业的核心，并且对澳大利亚原住民而言，水环境有着深层次的精神意义。对大陆干旱的认知也塑造了澳大利亚人的"心理"[1]。

水的许多价值是共享的，水冲突的核心在于有争议的价值，比如确定可持续的用水水平。大规模的用水不可避免地会对水生生态系统产生影响。因此，确定可持续的用水水平会涉及权衡相互竞争的价值。本章概述了水的各种价值以及这些价值如何影响澳大利亚水资源的管理方式，尽管可以单独描述水的社会、文化、环境和经济等不同价值，但实际上这些价值是紧密交织在一起的。

西澳大利亚，曼哲拉河口（摄影：Bill van Aken，澳大利亚联邦
科学与工业研究组织）

　　在澳大利亚的历史上，水在塑造和应对随着时代改变的更为广泛的价值
观的过程中一直起着关键作用。从欧洲早期的殖民时期到 20 世纪上半叶，这
段时间称为澳大利亚水资源的扩张期，在此之后，称之为成熟期[2]。扩张期
的重点主要放在国家建设和开发农村地区，主要通过灌溉提供保障。这一阶
段的标志是雪山水力发电工程，这项工程也反映了当时人们对水的经济价值
的重视。

　　成熟期的特点是价值观由单一向更广泛转变，这些价值观有时会相互竞
争。这种竞争包含了对水生生态系统状况的日益关注，这是由于水的使用导
致了自然环境的退化，有时还会导致对现状可用水的损害，例如水的高度盐
化会对灌溉农业和城镇供水产生影响。在经济日益增长并日益多样化的同时，
人们开始把重点放在大型沿海城市。近期，澳大利亚决定停止在塔斯马尼亚
州富兰克林河上修建大坝，以及恢复墨累-达令流域的生态用水，这些都反映
了价值观的转变。

2.1　水的经济价值

　　几乎任何商品的生产都离不开水，水对于灌溉农业、采矿、日常生活和
许多其他行业都起着至关重要的作用，所有这些行业都需要大量的水。耗水
最多的是生产粮食和纤维（如棉花）的灌溉农业。

水的市场价值可以用市场学的概念来描述，比如每 100 万 m³ 水用来生产的总附加值（澳元/10⁶m³）（图 2.1）。总附加值指批发商品价值减去生产经营成本（输入商品和劳动力）。以这种标准衡量的话，采矿业和制造业用水所产生的经济价值远高于农业灌溉用水[3]。

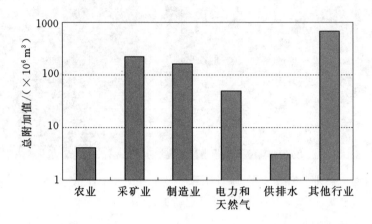

图 2.1　2008—2009 年各行业每 100 万 m³ 用水的总附加值[3]
（注：采矿业、制造业和其他行业属于高附加值的用水户，然而灌溉农业每 100 万 m³ 水产生较少的价值）

在灌溉农业中，苗圃、蔬菜和水果的总附加值远高于乳制品和葡萄，而乳制品和葡萄又高于水稻和谷物（图 2.2）。由于全球商品价格的变化，每种农产品的附加值每年都可能有较大变化，例如，图 2.2 所示的数据反映了 2008—2009 年乳制品的高价格。

虽然澳元/10⁶m³ 这一指标确实比较直观，但它却不是一个能衡量水的真实价值的可靠指标，因为水通常只需一个相对较小的投入成本，而且往往不属于限制生产的投入。这个指标也不能揭示资本消耗或任何来自于产品产量变动引起的价格改变。因此，用于制造业的水量每增加一倍，并不会产生两倍的价值。同样，农业生产率、农业利润和区域经济也未必会从拥有充足灌溉水浇灌的最高总附加值的作物中获利。需要考虑这些产品进入工厂和市场的费用，同样需要考虑增加产量对价格的影响以及作物对土地和气候的适应性。

在水的使用过程中另一个更好地反映价值变化的指标是增加单位用水量的边际利润。那些通过使用更多水来产生最大价值的用户将会购买额外的水。或者说，通过获得更多水的使用权的用户也将会是未来发展中获利最多的用户。

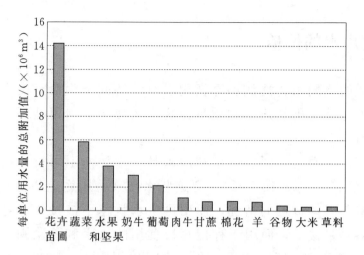

图 2.2 2008—2009 年澳大利亚灌溉农业生产总增加值[3]

（注：灌溉中花卉苗圃、蔬菜、水果和坚果产生的最高附加值）

正在放水的水龙头，珀斯（摄影：Bill van Aken，

澳大利亚联邦科学与工业研究组织）

水生生态系统（河流、湖泊、河口和湿地）可以在不消耗水的情况下，支持包括商业性捕捞、旅游和娱乐等一系列经济活动。淡水资源的经济价值还可以延伸到海岸和近海海洋环境。一些商业物种，如对虾，依靠河流的淡水资源及其输送带来的营养物质得以维持生存种群。水环境的直接经济价值可以通过其对市场的商业旅游价值以及其他娱乐活动来估算。例如位于昆士兰州东南部的莫顿湾的一个河口和海域，依赖于邻近河流的清洁淡水流入，莫顿湾每年能为昆士兰州东南部旅游业、休闲娱乐业和商业捕捞分别带来 1050 万澳元、2.6 亿澳元和 6010 万澳元的收入[4]。

2.2　家庭用水的价值

使用优质的饮用水、洗涤和烹饪用水对维持人类生命至关重要。生活用水的内在价值远远超出其成本和质量，这点从社会对利用循环水供人们使用的反映可以看出。

对于城市供水而言，回收废水和雨水是一个技术上可行并且经济上划算的解决方案（见第6章和第7章），但这些水在某些用途上却受到了社会的抵制。越是直接与人体接触的情况，使用再生水就越不被接受。对于冲厕和露天灌溉，较容易被接受，而用于种植直接食用的水果和蔬菜则不被接受，最不被社会大众接受的是用于饮用水和个人卫生用水[5]。这些问题的核心是人们对存在风险的情感与认知，以及缺乏对公共机构的信任，人们无法相信在今后几十年中，尤其是面对新兴污染物时，公共机构每天都能提供高品质的饮用水（见第5章）。

在澳大利亚，多达一半的生活用水用于浇灌花园，这些水维持了翠绿花园的美学价值和其他价值。近年来，由于对家庭用水的限制，调查显示人们愿意支付高达当时水价两倍的价格，以确保其花园的可靠供水[6,7]。当然，花园浇水不需要达到饮用水的水质标准，可以根据人们愿意支付的价格找到其他替代水源。

2.3　水的生态环境价值

除了直接经济用途外，依赖水的生态系统还提供一系列具有间接经济价值的生态系统服务，这些价值超出了任何经济考虑的内在价值。水生生态系统提供服务，如处理废物、净化水体，或为未来生物多样性应用提供基因资本（图2.3）。如果不能维持生态系统服务，人类提供服务（如水质处理）的成本将会更高。通过这种方式，人们就可以从提供的生态系统服务中获得货币价值。对全球生态系统服务的一项极具影响力的分析表明，生态系统至少为经济提供了与人类生产商品和服务同等的价值[8]，但生态系统还有超出人类使用的其他效益。

生态系统的价值可以纯粹以其自身价值来衡量，也可仅仅以与其存在相关的知识来衡量。人们表达了对生态系统的遗赠价值观，希望不仅为了当前自身的利益，而且为了子孙后代的平等利益来保护生态系统：这是首次定义

维多利亚伊丘卡河上的"埃米卢"号轮船（摄影：Bill van Aken，
澳大利亚联邦科学与工业研究组织）

提供的服务
食物：生态系统在野生动物栖息地提供诸如鱼类等生存所需的食物
原材料：生态系统为建筑提供诸如优质木材一样的材料
淡水：生态系统提供地表和地下水源
医药资源：许多植物被用来作为传统医药并且也是部分制药厂的原料
调节服务
当地气候和环境质量调节：水和植被降低过高的气温
碳回收与储存：由于树和植被生长，减少了来自大气层的二氧化碳并且有效地将其存在自身组织中
调节极端气候事件：生态系统能够对诸如洪水一样的自然危害起到缓冲作用
废水处理：在土壤和湿地中的微生物能够分解人类和动物的粪便及其他污染物
防止侵蚀：植被能防止河流与海滩的侵蚀
授粉：全球 115 种主要的食用作物大约有 87 种依赖于动物授粉，其中包括像可可、咖啡这样重要的经济作物
栖息地与支持服务
物种栖息地：栖息地能提供动植物生存所需，迁徙物种在其迁徙路线上需要栖息地
维持基因多样性：基因多样性不同于品种和总群，它能提供当地栽培变种的基础以及未来发展经济品种的基因库
文化服务
娱乐与身心健康：自然风光与绿地可用来维持人们身心健康的作用受到了越来越多人的认可
旅游业：自然景观旅游业提供了巨大的经济利益，是许多地区的一项重要的收入来源
对文化、艺术和设计的美学欣赏与灵感：在人类历史上，语言、知识和对自然环境的感激一直有着密切的联系
精神体验与归属感：自然是所有主流宗教的一个共同元素，自然景观也形成了地方认同感和归属感

图 2.3 水生生态系统可以为人类提供一系列服务[11]

的环境可持续发展的核心概念[9]。还有一些人对水环境怀有深厚的地域感与归属感，比如墨累河，所有澳大利亚人都对其饱含深情。珀斯的居民已经对这个城市的许多地下水补给湖泊和湿地形成了一种依恋感，并支持用地下水来维持湿地[10]。此外，人们对环境有强烈的责任感，有权公平公正从环境获得永久效益，这种效益不仅仅是经济价值。

生态系统可能纯粹因为其所支持的生物多样性而受到重视，它赋予了（包括但不限于人类在内的）所有生物的内在价值。从这个角度来看，所有的生态系统和物种不管是否有助于人类的福祉都是有价值的。

立法保护了物种和生态系统，如 1999 年出台的《澳大利亚环境保护和生物多样性保护法》从法律层面保护了物种和栖息地[12]，而不是因为它们自身的经济价值。湿地公约是一项旨在保护候鸟类和国际性重要湿地的国际协议[13]。用于评估海洋或淡水水生栖息地生物多样性的指标，包括濒危物种数量、物种丰富度和多样性以及指示性物种。

澳大利亚有幸拥有许多内在价值较高或为社会所珍视的水生生态系统，对其用于娱乐和旅游业的调查结果以及在水生生态系统附近观察到的经济价值显著增加就是很好的证明。这其中包括卡卡杜湿地、艾尔湖、墨累河、达令河莫顿湾、菲利普港湾和天鹅河，以及沿海河流，如达利河、克拉伦斯河和汤普森河等。近几十年来，河流和河口的退化使公众意识到维持这些环境的重要性（见第 9 章）。

澳大利亚有 1000 多个河口，其中 50% 接近原始状态，900 多个湿地被列为国家重要湿地，其中 64 个具有国际意义[14,15]。澳大利亚有 346 种本地鱼类，在物种数量下降前，湿地供养了 100 多万只水鸟，包括鸻、鹬和滨鹬，它们随季节变化从北极圈迁徙到亚洲，然后再迁徙到澳大利亚和新西兰。

用货币来表示水的环境价值通常比较方便，这样水的环境价值就可以直接与水的经济用途相比较。生态系统价值货币化的主要方式有三种：通过传统市场，如水在经济上的使用价值；隐性市场，如根据附近居民住房价格上涨估算的河口价值；以及构建市场，即激发人们为改善生态系统而付费的意愿。

超过 60 项的研究估算了墨累-达令流域的自然资产和生态系统服务的使用和非使用价值[16]。例如，人们愿意支付修复墨累河的库隆湖和下游湖泊的费用估计为 58 亿澳元[17]。有趣的是，虽然这种试图对水生生态系统的内在价值进行经济定价的做法充满不确定性，但墨累-达令流域展示的价值与澳大利亚政府在社会支持下为恢复该流域的环境健康而投入的 100 亿澳元在数额上一

收集<u>丛林</u>食物，北领地卡卡杜湿地，Skyscans 公司版权所有

致。对这种水平的政府支出的支持可以作为社会对生态系统重视程度的另一个指标。然而，在撰写本书的同时，人们仍在讨论墨累-达令流域的生态修复是否会对灌溉用水造成重大损失。

2.4 水的内在价值

水生生态系统对澳大利亚原住民赋予了深刻的精神意义。他们认为，水是一种神圣而基础的资源，并且是生命的象征，它维系了数千年流域社会，并支配着原住民彼此之间和国家之间的相互关系[18,19]。

与水有关的原住民观点和价值观没有得到广泛理解，在用水决策和水管理中往往被忽视。现在人们越来越重视原住民的信仰、利益和原住民所有权下的普通法权利。现在国家的水政策已经认识到需要将原住民纳入与水资源规划和管理相关的所有活动[20]。原住群体已将水资源管理与气候变化一起确定为他们面临的最紧迫的环境问题之一。澳大利亚全国各地原住社区的多样性决定了对水资源利用和管理的看法和意见的多样性。原住民强烈希望能够参与土地和水资源管理，以便其履行关心国家的应尽义务。

水对当代原住民的生计也具有价值。根据普通法，原住民有权进入水文化场所，有权维持用水习惯，自由出入与水相关的地方并获取依赖水的动植物。许多原住民和社区严重依赖水生资源来补充其家庭收入。一些拥有水权的本土土地所有者和企业组织，希望发展基于水的企业。当地机构认为，人民有权从经济用水以及水资源的开发中获益。从水中获得更多的经济机会可以改善原住居民的社会经济地位。

国家水倡议由联邦、各州和领地政府批准，其中水政策改革已开始使土著水价值的某些方面得到承认[21]，但在将本工水价值纳入水资源规划方面的进展仍然缓慢[22]。

2.5　各种价值冲突的解决

对水的竞争价值和对固定资源上日益增加的需求往往会引发水资源利用的冲突，此时不同群体之间的权衡或妥协是不可避免的。例如，可持续用水的最重要的挑战是平衡水的消耗与维持良好水环境的内在价值和经济价值。澳大利亚正在通过监管、规划和市场相结合的方式解决水资源价值冲突的问题。

随着人们越来越认识到水的经济价值，导致最近出现了一种利用市场机制来解决竞争性用水问题的趋势，特别是在农村地区。水权已经正式和土地所有权分开，而且现在水权可以买卖，这些权利可以分配每年水的份额（第 8 章）。2007—2008 年，墨累-达令流域交易的水量超过 15 亿 m³，减少了由于干旱年水量分配不足造成的经济损失[23]。水市场还并不完善，因为相关法规对某些用户有限制（例如第 8 章讨论的一些灌区的贸易限制），但还有进一步创新的机会。例如，通过购买持续存储在水库而非每年分配的水，使灌溉者能够管理其供水的可靠性。结转权是一种获得储蓄量的方法，并能够在一些系统中实现。

为了让市场合理运行，水的价格应该考虑所有成本。尽管水价上涨反映的是真实成本的增加，但这部分成本有时是由政府补贴的，另外对环境的成本有时并不包括在内。在一些地区，水的价格会分别反映不同方面的成本，包括水库蓄水成本、供水基础设施成本和供水管理成本。将水作为一种经济商品来对待在许多社会中是不可接受的，因为向人们收取水的基础自然资源的全部费用并不总被大众所接受。不过，水的价格通常是用于提供安全、可靠的自来水等服务。高质量冷藏的瓶装水在货柜上随手可得、方便购买，其价格是每升几澳元。供应到居民家中的饮用水和可靠的生活用水的价格为每立方米水几澳元，而灌溉用水数量更多，质量和可靠性也各不相同，每立方米水的价格远低于 1 澳元。因此，在一个开放的市场，水的价格反映了服务的供需平衡及其感知价值，而不仅仅是其成本。

水计划和条例是用来确保获得许可的用户都有公平可靠的取水权利，并且确保了对水环境保护。例如，1995 年临时制定了一个在墨累-达令流域对娱乐项目用水限制的规定，用来确保现有权利的可靠，并遏制河流、湿地以及洪泛区进一步的生态退化。为了恢复和保护生态系统，墨累-达令流域的用水限制正在通过墨累-达令流域规划逐步修订。

目前，越来越丰富的知识可以更好地为水资源规划提供信息。人们越来越清楚地了解生态系统的需水量，并可用于设定保护生态系统价值的使用限制（第 9 章）。还有包括水的非市场价值和未赋权的用水户在内的几种技术，比如原住社区和其他人对水的文化用途。关键的第一步是将这些更广泛的价值观分类，例如将不受重视的原住民用水重视起来并纳入决策制定中，这是当前研究的一个领域。

权衡不同级别的用水可以通过成本-效益分析表示，该分析中所有成本和效益都可以用货币表示。这可以揭示社会的整体福利是否会因为一个特定的水利项目或政策决定而得到改善。生态系统的服务功能可以纳入成本-效益分析来扩大它的范围，这是国际研究的另一个活跃领域。在生态系统服务中存在非货币价值时，多准则分析可用于实现包括不同的社会、文化和环境的期望。每一个意愿都是按重要性来加权赋分，未来的水资源规划是根据其如何满足这些意愿而计分。

尽管用于评价水资源价值的知识和技术在迅速提高，但这些知识和技术却尚未完全纳入水资源规划中。国家水资源委员会指出，许多计划仍然缺乏对社会价值观或环境需要的公开考虑，在社会协商中很少显示或使用价值观之间的权衡[21]。最近公众对墨累-达令流域规划缺乏透明度和磋商的公开批评就是一个鲜明的例子。

对相互竞争的价值观进行权衡的好处是可以驱动创新找到解决方案，从而增加人类和环境的效益。创新的解决方案的提出可以通过改变用水时间或沿河供水方式来实现。这就提出了优化水资源规划和运营来满足多种价值的前景：随着水资源的使用，其冲突的潜在成本也在增加，这一研究领域正在不断加强。随着对水的需求不断增长，社会最好的解决办法可能是寻找更有效和公平的方式来满足不同的需求。

延伸阅读

（1）Boon PJ and Pringle CM（Eds）（2009）*Assessing the Conservation Value of*

Fresh Waters: *An International Perspective*. Cambridge University Press, New York.

(2) Cullen P (2011) *This Land*, *Our Water*: *Water Challenges for the 21st Century*. ATF Press, Adelaide.

(3) Hitzhusen FJ (Ed.) (2009) *Economic Valuation of River Systems*. Edward Elgar, Cheltenham, UK.

(4) Hussey K and Dovers S (2007) *Managing Water for Australia*. CSIRO Publishing, Melbourne.

(5) National Research Council (2005) *Valuing Ecosystem Services Toward Better Environmental Decision* - *Making*. National Academies Press, Washington DC.

(6) O'Keefe S and Crase L (Eds) (2011) *Water Policy*, *Tourism and Recreation*: *Lessons from Australia*. Resources for the Future, Washington DC.

(7) Productivity Commission (2010) 'Market mechanisms for recovering water in the Murray - Darling Basin'. Final report, March. Productivity Commission, Canberra.

(8) Wahlquist Å (2008) *Thirsty Country*: *Options for Australia*. Allen and Unwin, Melbourne.

第 3 章

水 与 气 候

Francis Chiew，Ian P Prosser

本 章 摘 要

（1）洪涝、干旱与气候变化是影响澳大利亚水资源可利用量的三个主要因素。

（2）水资源易受气候变异与气候变化的影响，例如：自 20 世纪 70 年代，珀斯水库的入库流量已减少了 55%，而 1997—2009 年间的干旱天气导致墨累-达令流域南部径流量和用水量骤减。

（3）气候变化是近年来导致降雨和径流减少的原因之一，但其本身却很难定量描述。

（4）到 2030 年，气候变化可能引起澳大利亚南部部分地区平均河川径流量减少 10%～25%，而随着未来气候变化的影响，水资源还会进一步减少。

（5）考虑气候变化对径流的影响，能获得对水资源更准确的季节性预测结果，该预测结果可为灌溉、水库运行、环境治理等提供依据。

澳大利亚的水资源主要受天气系统和气候变化的影响。超级风暴和气旋导致的洪水过程短则数小时，长则维持数月，而年际间降雨的变异性可导致长达 10 年或持续更久的干旱。持续的气候变化可以引起平均降雨量和蒸发量的改变，从根本上影响水资源的可利用量。本章重点阐述气候变异与气候变化对水资源的影响，特别是对洪涝、干旱以及水资源可利用量的影响。

天气系统变化较快，属于日尺度或季节尺度的大气状态。而气候则是天气现象的平均或状态的统计，时间尺度一般为数年到数十年。气候变异反映了逐年或者数十年的气候在平均状态周围的波动情况，而气候变化则是气候状态在长序列（数十年到几个世纪）上的改变。数据序列中的噪声会使气候变化趋势的分析更为困难，特别是降雨量，其逐年的变异性很强，因此降雨量变化趋势较难分析。

降雨量的年际变化，甚至世纪间的变化都会进一步引起河川径流的改变，因此气候变化下的水资源演变值得思考。降雨量在年际间的变化将在河川径流中被放大 2～3 倍，也就是说降雨量减少 10% 将使径流量减少 20%～30%[1]。这种放大现象也同样适用于气候变化，平均降雨量在气候变化尺度上的减少将 2～3 倍地反映在水资源量的减少上。

3.1　天气和气候驱动因素

大气和海洋中的诸多过程都会对洪涝、干旱和气候变化产生影响（图3.1），但产生变化的时间尺度不同。图 3.1 表示大气和海洋中诸多驱动过程间的相互作用以及这些过程对陆地不同区域的天气与气候的影响。这些驱动过程中包括了太平洋环流引起的厄尔尼诺现象和拉尼娜现象，其中厄尔尼诺与澳大利亚东部的干旱密切相关，而拉尼娜与澳大利亚东部的洪涝密切相关。印度洋偶极子发生在印度洋，是类似于太平洋环流的一种环流模式，可造成澳大利亚的东南部和西南部干旱，而南半球环状模式是南大洋所特有的，可引起澳大利亚南部天气与气候的变化。季风和南大洋锋线系统能够带来降雨，而南下的阻塞高压和副热带高压脊则带来干燥天气。

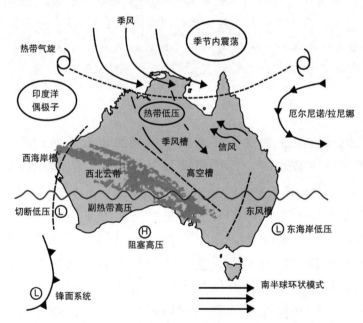

图 3.1　影响澳大利亚降雨和径流的主要因素[2]（来自澳大利亚国家气象局）

3.2　澳大利亚南部近年的干旱

1997—2009 年间，澳大利亚南部的大部分地区，特别是墨累-达令流域的南部、维多利亚州、澳大利亚的西南部和昆士兰州的东南部都遭遇了长时期的大旱。这次干旱自墨累–达令流域南部自有降雨记录的 110 年以来前所未有，属千年一遇[4]（图 3.2、图 3.3）。

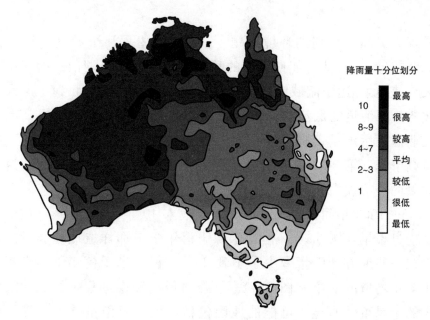

图 3.2　1997 年 1 月 1 日到 2009 年 12 月 31 日整个澳大利亚的降雨情况[3]
（注：相对 1900—2009 年的气候，表明极端干旱发生在澳大利亚的东南部和西南部
以及昆士兰州的东南部）

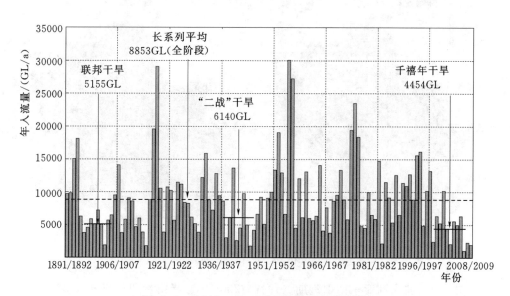

图 3.3　1891—2009 年墨累河年径流量
（注：流入墨累河的年径流量在年际间和数十年间呈现出较强的变异性，1997—2009 年和干旱
初期的流量较小，数据由墨累–达令流域管理局提供）

造成维多利亚和墨累-达令流域南部的诸多水库干涸,城市不断限制水的供应,长期采用低灌溉用水量以维持农业生产。由于这样的极端干旱事件从未发生过,致使墨累河、马兰比吉河、拉克兰河的水量分配指标延缓制定。

干旱还会引起一系列的环境问题[5]。例如:墨累河下游湖泊比过去的低水位再降低超过1m,就可能使有毒的酸性沉积物暴露、湖泊的盐度提高。千禧年的大旱使墨累-达令流域内的动植物大规模死亡,也威胁到了河漫滩上生长的红桉树,而河道的低流量又致使鱼群被阻隔,导致渔业受损。由于这次干旱,农业灌溉用水量下降了64%[6],这是澳大利亚首次因干旱导致的农业灌水量持续下降(第8章)。澳大利亚的用水主要集中在南部,因此这次干旱造成了大量的经济损失和严重的生态和社会影响。

在1895—1903年间以及20世纪30年代末40年代初,墨累-达令流域的南部也发生过干旱(图3.3),但都未像千禧年干旱那样造成径流量的严重减少。尽管在一些地方降雨量减少了不到20%,但这场千禧年干旱直接导致径流量低于多年均值的一半(图3.4)[7]。降雨径流转换过程中的放大效应远比之前发生的干旱事件明显。可能的原因包括:秋季降雨量减少,导致汛期开始时土壤含水量较低;正当冬季汛期时,降雨量依然明显下降;无丰水年;高温下蒸发强烈[3]。

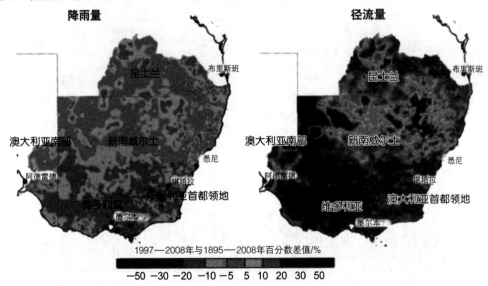

图3.4 澳大利亚东南部近期(1997—2008年)降雨量和径流量及多年
(1895—2008年)均值的百分数差[8]
(注:尽管维多利亚州和新南威尔士南部地区的降雨较均值低10%~30%,但径流较均值低30%~60%)

　　在西澳大利亚州的西南部，1997—2009 年的 35 年间，降雨量持续下降[9]。由于 1975—2009 年间年均降雨量下降了 16%，珀斯水库多年平均入库流量由 1975 年前的 3.38 亿 m³/a 下降到 1.81 亿 m³/a，比之前减少了 55%（图 3.5）。自 1975 年以来，珀斯水库的年入库流量一直低于 1975 年前的年均水平。为了珀斯市的供水安全，西澳大利亚州政府更依赖地下水，并公开了澳大利亚首个脱盐计划，用于大城市的供水（第 7 章）。那么 20 世纪 70 年代降雨径流的变化是否是全球变暖引起的？是否反映了气候的自然变异？

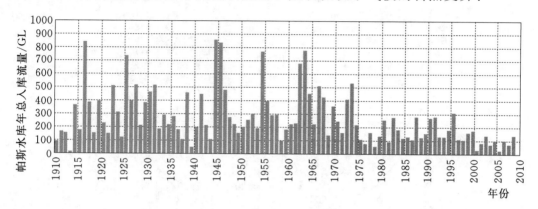

图 3.5　珀斯水库入库流量[10]
（注：说明自 20 世纪 70 年代中期入库流量持续下降）

　　珀斯地区降雨量减少是由于澳大利亚西南部天气系统发生了变化（图 3.6）。自 20 世纪 70 年代以来，高压天气系统和冷锋向南移动，使珀斯地区的降雨量沿偏北方向减少[11]。这些变化极大影响了秋季和冬季的降雨，这种变化会随着全球气温升高而加剧。

3.3　洪水

　　在气候变异过程中气候波动较大时，容易引发洪涝灾害，例如 2010 年和 2011 年席卷整个澳大利亚东部的洪水，就与一次强的拉尼娜效应有密切关系。拉尼娜发生期间，东太平洋的低温致使深海产生强大的上升流，并加剧了来自西太平洋的信风。暖湿气流笼罩整个澳大利亚东部，引发了一系列强降雨天气。

　　洪水是造成澳大利亚损失最严重的灾害。1967—1999 年间，每年因洪涝灾害造成的直接经济损失约 3.14 亿澳元[12]。而不同的洪涝事件所带来的损失也不相同（主要考虑洪量大小以及对基础设施的影响），例如 1974 年发生在

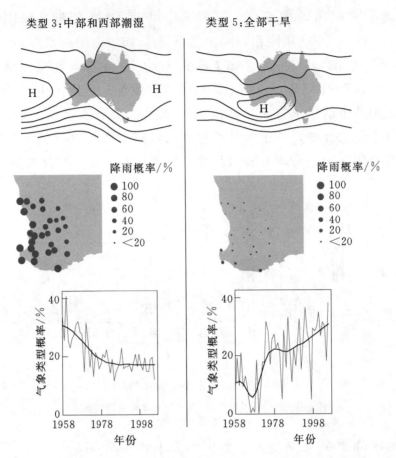

图 3.6 两种类型（类型 3 和类型 5）的天气状态和西澳大利亚州西南部冬季降雨的联系
[注：天气状态的变化频率可用于解释自 20 世纪 70 年代以来降雨量减少的原因。类型 3 这种天气状态
中，澳大利亚中部出现高压系统和副热带高压脊，在澳大利亚西南部形成降雨（深灰色线所示）。
类型 5 这种天气状态中，高压系统更偏南，在该地区几乎不形成降雨。图的下部表示自 20 世纪
70 年代以来，类型 3 这种天气出现的概率变低，而类型 5 这种天气出现的概率变高，
这也解释了这一时期降雨量减少的原因]

布里斯班的洪水造成了 7 亿澳元的损失，而 2011 年同样规模的洪涝灾害却带来 100 亿澳元的损失。非成灾性洪水对于水库蓄水、补给地下水和净化水质都有一定的帮助（第 9 章），而且洪水带来的效益会在洪水退去后持续几年的时间。

　　气象局负责降雨和水位的连续监测与信息发布，并结合降雨预报和水文模拟来进行洪水预警。中小河流的洪水预警需提前数小时到几天的时间，大流域下游的洪水预警周期一般为几天或者几周，这是因为考虑到大流域内各支流汇流到下游需要一段时间。而突发性的山洪是最难预报的，这类洪水多由强降雨引起，且一般不到 1 小时的时间就能达到峰值。2011 年 1 月，发生

在图文巴和洛克耶谷的洪水就是典型的突发性山洪，此次灾害带来了惨痛的教训。

通过对历史洪水的统计分析发现，在 20 世纪 50—70 年代，较平均降雨量高的数十年间产生的洪水的量级也高于平均气候条件下产生的洪水量级。数十年湿润气候下产生的百年一遇洪水的洪量是数十年干旱气候下的两倍[13]。随着气候变暖，这种情况还可能发生。海水升温将引起更强的对流天气，使空气中的水汽增多，从而导致强风暴和气旋[14]。气候模式的预估结论也表明强气旋引起的极端降雨发生的频率会降低[15]，但降雨强度会大大增加，从而引发更大的洪水，带来更大的损失。

包括位于布里斯班的维文霍大坝在内的许多大坝，一方面里面相应的水库能够发挥蓄水、供水的效益；另一方面在洪水到来前，提前下泄一定的水量，可保证下游的防洪安全。水库发挥的这两种效益可能存在矛盾，水库的蓄水位应提前设定。当季节性预报发生洪水的可能性较高时，可通过调节水库的水位，增加防洪库容。

2011 年 1 月，布里斯班洪水（摄影：Glenn Walker）

3.4　短期和季节性径流预报

尽管澳大利亚的降雨和径流存在较大变异性，但在全球环流中，像厄尔尼诺和拉尼娜现象或其他气象、气候特征可以为降雨和径流的月预报提供依据。河川径流的月预报和季节预报可通过流域内的土壤湿度以及海洋、大气的状态等信息实现。例如，通常情况下，澳大利亚东部的干旱与赤道太平洋上的厄尔尼诺现象有关[16]。降雨和径流的季节预报将有助于提前设定灌溉制度、开展水权交易、高效用水和制定水库蓄泄方案。

　　自20世纪90年代起，气象局已经开展了季节性天气预报的工作，到2010年又新增了对河川径流进行季节性的预报服务[17]。这一预报系统中的预报模型是由澳大利亚联邦科学与工业研究组织（CSIRO）开发的[18]，预报系统可以给出未来数月径流的概率预报，特别是建有大型水库（如墨累河上游的休姆大坝和达特茅斯大坝，图3.7）的河流的径流预报。

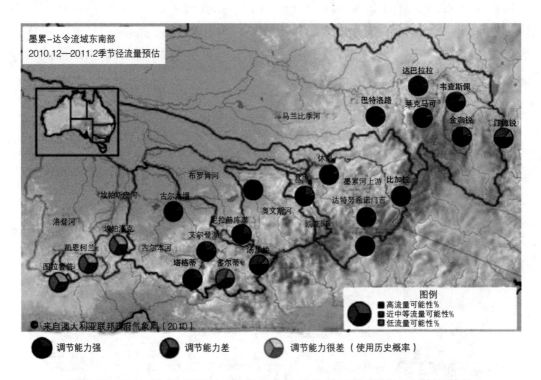

图 3.7　2010 年 12 月到 2011 年 2 月马兰比季河与墨累河上游流域的
季节性径流预测[19]

（注：预报结果显示，湿润的流域特征以及持续受拉尼娜的影响导致这一区域的径流量偏大，
并持续整个夏季）

　　气象局也负责洪水预警方面的工作并计划扩展洪水预警服务，实现未来十天的滚动径流预报。为此，气象局和澳大利亚联邦科学与工业研究组织（CSIRO）联合开发并测试了一套陆气耦合系统，并尝试将实时的气象站、水

文站和卫星等数据用于该系统。

3.5 气候变化对径流的影响

自 20 世纪 50 年代,全球大气和海洋的温度呈迅速上升趋势,并且上升速度比地质记录中数据的要快得多[20]。因此,科学家开展了大量有关全球变暖和温室气体排放的研究[20,21]。自 20 世纪 70 年代,澳大利亚西南部降雨量的减少以及千禧年干旱是否与人类活动引起的气温升高有关,这一问题还难以定论。这是因为逐年降雨的时间变异性太强,很难发现总体的规律,而且降雨还易受局部天气和气候的影响(图 3.1),而天气系统和气候又与全球温度的变化有密切关系。

气候模式运行结果显示西南持续的干燥气候和澳大利亚西南部千禧年的极端干旱事件与气候变化有关[3,11,22]。风暴路径向南大洋偏移引起了持续的干燥气候,气候模式表明这一现象在未来可能会加剧并且持续时间会延长,从而影响区域未来的气候特征。

长期的干旱和数十年的多雨都是澳大利亚南部的气候特征。仅通过对一个多世纪的评估,很难构建描述数十年跨度的气候模式,还需将树的年轮、珊瑚以及溶洞等提供的信息作为补充,因为这些信息能够反映历史上很长一段时期内海洋和大气的基本特征。时间尺度较短时,厄尔尼诺和拉尼娜可以影响降雨和径流[23],并且随着厄尔尼诺和拉尼娜的交替发生的频率增加,发现了十多年一次的气候循环。最近数十年来高频的厄尔尼诺,使澳大利亚东部的旱情比以往更加严重,而在 20 世纪 50 年代和 70 年代,该地区的气候则较为湿润[24]。

千禧年干旱可能受自然变异和气候变化的共同作用,降雨长期的变化趋势可能仅通过对未来几年连续的观测数据便可被证实,如果干旱与自然变异和气候变化间存在明显的联系,受人类活动影响的气候变化就是形成这次干旱的诱因。不论是什么原因,十年或更长时间的干旱足以使用水户倍感压力,并积极寻求应对极端干旱事件的水资源管理对策。

预估气候变化对径流的影响包括三个主要步骤。第一,利用全球气候模式模拟未来气候变化情景;第二,把不同的全球气候模式的模拟结果降尺度到需要分析的区域内,获得区域气候模式;第三,利用这些区域气候模式的运行结果驱动水文模型预报河川径流量。全球气候模式可模拟复杂的全球和区域的气候系统。气象局和联邦科学与工业研究组织(CSIRO)已经通过

IPCC 提供的全球气候模式产品并结合气候演变来提供澳大利亚的气候预测[25]。图 3.8 表示了与 20 世纪相比，到 2070 年的年均降雨量的变化幅度。

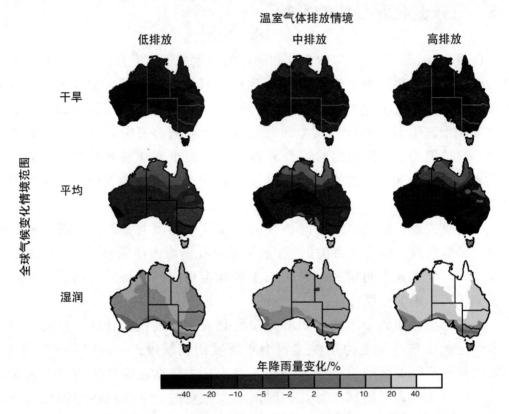

图 3.8　2070 年澳大利亚年均降雨量百分比变化的 9 个情景预测[26]
(注：图中每一列分别表示低、中、高三个等级的温室气体排放情况，用于展示全球变暖的影响。
图中每一行表示不同全球气候模式的预测范围。最上边的一行是干旱模式下的结果，中间一行是
平均结果，最下边一行是湿润模式下的结果)

由图 3.8 可知，不同气候情景下，年降雨量的变化情况差别较大。这是由未来气候中的两个关键的不确定因素造成的。一是未来温室气体的排放水平由未来工业发展情况和减排效果决定。而目前国际上倾向于采用高排放情景进行气候预估（如图 3.8 右侧一列所示）。二是未来澳大利亚的降雨量受全球温度变化的影响。通过改变大气和海洋的状态，全球气候模式可预估得到未来不同的降雨量（图 3.1）。图 3.8 展示了 IPCC 采用不同全球气候模式获得的不同降雨量的变化幅度。

大部分气候模式的运行结果表明，未来澳大利亚南部地区将趋于干旱。通过过去 10 年的观测资料验证了模式的模拟结果，都表明了秋冬季节的风暴路径正偏向南极。在澳大利亚北部，平均降雨量的变化趋势存在不确定性，

部分模式认为降雨量会增加，而另一部分模式认为降雨量会减少。

全球气候模式产品的空间分辨率较低，维多利亚州的面积在全球模式中还不足5个网格，而塔斯马尼亚岛的面积相当于全球模式中1个网格的大小。尽管采用全球环流模式作驱动，但降雨和径流的空间尺度相比全球模式小得多，且受地形、近海岸和局地天气系统的影响较大。对于区域和流域水文模型，需要将全球气候模式的模拟结果降尺度到流域尺度来获得降雨或其他气候要素的信息[27]。

全球气候模式通过动力降尺度，获得嵌套其中的可灵活调整空间尺度的区域气候模式，区域气候模式能够较合理反映地形、植被覆盖和气象特征，从而获取降雨或其他气候要素更加详细的信息。图3.9展示了气候模式通过动力降尺度，为水文模型提供输入，而水文模型的运行结果又可为塔斯马尼亚岛可持续生产计划提供支撑。

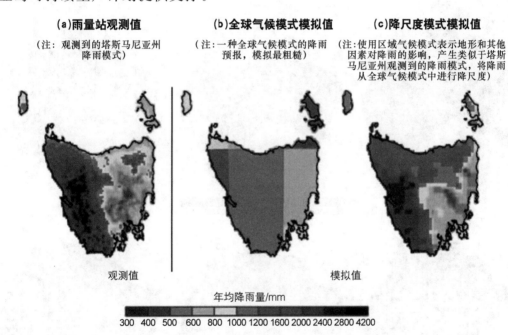

图 3.9　全球气候模式输出降雨的降尺度举例[28]
（注：该结果考虑到地形和其他局部因素对降雨的影响，更接近降雨的观测值）

统计降尺度是指构建区域降雨或其他气候要素与较大尺度的大气和海洋运动等驱动因子间的统计关系。区域降雨与较大尺度的大气运动特性有关，因此构建降雨历史观测数据和大尺度大气运动特性间的关系，并掌握未来受人类活动影响的气候变化下的大气状态，可用于预测区域未来的降雨情况。图3.6是统计降尺度的一个示例，表示了澳大利亚西南部的降雨与大尺度大气环流特性间的关系。

降尺度后的气候模式结果被用于驱动水文模型来预测未来流域的径流量[29,30]。以1990年为基准，到2030年全球变暖1℃时，澳大利亚年均径流量的变化情况如图3.10和表3.1所示。由于气候变化下未来降雨具有不确定性，因此径流预报结果有一定的范围。在澳大利亚的西南部和东南部，多数气候模式的预估结果显示，未来澳大利亚的西南部将趋于干旱，径流将下降25%，而全球温度升高1℃，墨累-达令流域的南部和维多利亚州的径流量将减少10%。水文模型也可以模拟其他的径流特征，比如入库流量的变化、洪水和枯水等。河道内长期缺水会影响水生生态系统，使水质恶化。过了2030年，气候变化还会持续，造成更大的影响（图3.11），如果全球温度上升2℃，澳大利亚南部地区的径流将大幅减少，并带来一系列的水环境和水生态问题[20,21]。

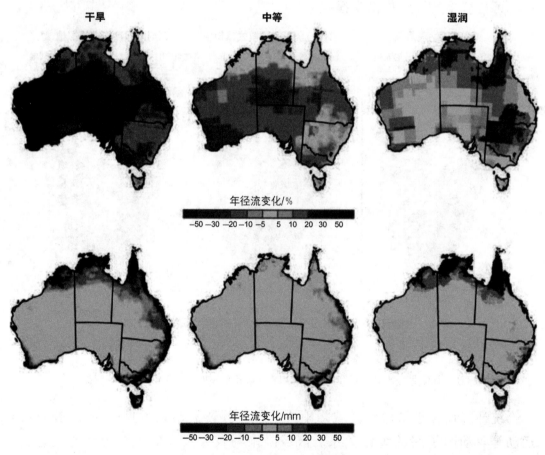

图 3.10　1990—2030年全球变暖1℃时澳大利亚年均径流量的变化[28,29,31,32]

[注：上部的三个图表示径流量的百分比变化，底部的三个图表示径流深（mm）的变化。

图中也反映了干旱、平均、湿润三种气候情景下的径流情况]

表 3.1   基于图 3.10 分析的全球温度升高 1℃ 对平均径流量的影响

地 区	年均径流变化的模拟值/%		
	极端干旱	中等	极端湿润
澳大利亚东北部	−15	−1	+20
西北部	−18	0	+16
西澳大利亚西南部	−37	−25	−12
塔斯马尼亚岛	−6	−3	0
墨累-达令流域北部	−15	−5	+12
墨累-达令流域南部和维多利亚州	−20	−10	+1

虽然气候变化可能导致澳大利亚南部的平均降雨量和径流量减少，但也会引起洪涝和干旱事件。气候变化与墨累-达令流域的南部和维多利亚州的洪涝和干旱间的关系如图 3.11 所示。水资源利用的一个有用指标是径流的 10 年平均值。大型水库具有调节径流年际变化的作用，使供水更有保障。然而，应对长期的干旱，如千禧年干旱，大型水库不能维持正常供水。同样，生态系统与洪涝和干旱有密切的关系，长期的干旱会给生态系统造成非常不利的影响。

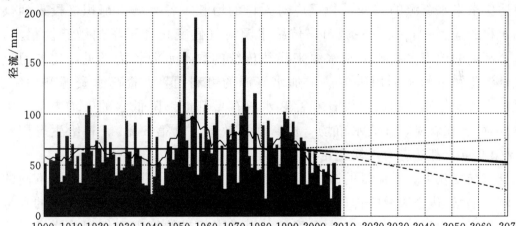

图 3.11   墨累-达令流域南部和维多利亚州的年径流（灰色柱状）及其 10 年滑动平均值（黑色实线）

[注：显示出年际间和数十年间的径流变化都较大。实线表示了 1895—2008 年平均径流深，并通过中等气候变化情景预测将时间序列从 1990 年延长至 2070 年。两条虚线表示气候变化下，极端干旱情景和极端湿润情境的平均径流深[33]。到 2030 年时，平均年径流深的变化较小，但平均径流深到 2070 年时，可能达到历史上出现过的最干旱时的情景]

如图 3.11 所示，到 2030 年时，气候变化对径流变化的影响都远小于年际间、数十年间径流的变异性，如丰水年的径流量可达枯水年径流量的 10 倍。2030 年的年径流量低于平均水平，但依然会发生洪涝和干旱，且干旱发生的频率更高而洪涝发生的频率更低。到 2050 年和 2070 年时，这一变化可能会加剧，年径流量的不断降低可能引发类似于千禧年干旱的极端事件，而千禧年干旱事件的发生也表明平均径流量的大幅减少和严重干旱对水资源的开发利用和河流生态都会造成非常不利的影响。

3.6　气候变化下的水资源管理与规划

气候变暖不仅会引起径流减少，而且使蒸发量、农业灌溉需水量、城市需水量、湿地和其他生态需水量增加。蒸发与径流类似，与全球变暖存在复杂的联系，并受风速和云量等其他因素的影响。因此，气候变化不仅会减少区域水资源的可利用量，而且会增加供需水间的矛盾。从根本上讲，气候变化加剧了城市、农村、流域的水资源短缺情况，同时生态环境可持续发展也面临严峻挑战。

澳大利亚的水资源管理者和政策制定者在不断地研究和更新水资源规划，以适应未来水资源的演变。为了应对人口的增长，各大城市都积极投入到供水工程的建设中。在一些城市，传统水源对气候变化和干旱的敏感性很高，选择其他的地表水和地下水水源来代替传统的取水水源较为常见，比如通过咸水淡化和废污水回用等方法增加水资源的可利用量。提高水资源利用率、增加水资源敏感性的城市设计和社区水源存蓄都能够降低水的人均需求（见第 6 章）。在农村，开放水市场、提高灌水效率（见第 8 章）、补给生态用水（见第 9 章）都是应对气候变化和多变的水资源有效的管理手段。

气候变化下，径流量的减少对各类用水（包括生态用水）造成了不同的影响。墨累-达令流域的管理模式属于集中管理，城市供水以及河道内的水量很大程度上由河道上修建的大坝管控。河道内流量的管理和规划是为了保障充足的水量供应，在丰水年储蓄水量，以补偿枯水年径流量的骤减。当然，河道内水量的规划将减少下游地区的流量。有关管理和规划不是用来应对气候变化导致的长期径流减少的情况。通过管理和规划，长期径流的减少会使生态环境和下游地区承受更大的用水压力[33]。在马兰比季河，中等气候变化情景下，2030 年的径流量将减少 9%，依据目前的水资源配置方案，农业灌溉用水仅减少 2%，而流入墨累河的流量将下降 17%，湿地的生态用水将减少

30％。新的规划应更加均衡地考虑气候变化带来的影响，以便提供可靠的用水保障。

澳大利亚南部大本德一座旧观测站旁干涸的咸水湖
（摄影：Greg Rinder，澳大利亚联邦科学与工业研究组织）

气候和水文科学的进步以及有关模型的使用能为气候变化下的水资源管理和规划提供技术支撑。随着可获取的数据增加和科技进步，水资源可利用量的预测能力得到提高，但未来预报径流的变化范围依然较大。目前水资源规划几乎都是基于降雨、径流以及地下水补给资料的历史记录进行的[34]，因为历史资料对于水资源评价是可信的，并且这些资料包含了一系列历史上的水资源情况。然而，气候变化的前景和千禧年干旱事件的发生都表明仅依赖历史资料进行水资源规划是不够的。风险管理技术可以包含一些未来情景，用于描述其中的不确定性。这些方法展示了气候变化产生的影响如何分配给用水户，如何制定应对新情况的对策。通过不断研究气候变化及其与水资源的联系，以及气候变化对用水户和生态环境的影响，水资源规划将变得更加有效。

3.7　结语

由于当地降雨量发生较小的改变将导致径流量和地下水补给量发生很大的变化，澳大利亚水资源量的变异性是世界上最大的。水资源管理可以调节水资源的变异性，但自 1975 年以来，澳大利亚东南部发生的千禧年干旱以及西澳大利亚州南部径流量的锐减表明当前水资源管理的效果还有待提高。通过采取新措施，目前城市供水可较少依赖于天然径流，使其用于补偿生态环境用水。气候也正经历一次较大的变化，澳大利亚南部地区未来的水资源趋于减少。到 2030 年，中等气候变化情境下，干旱与洪涝带来的影响较小，而最坏的结果可能是发生较强的干旱和低频次的大洪水。到 2050 年或 2070 年，气候变化加剧，可能再次发生千年一遇的干旱，严重影响可利用水资源量，并对水资源的开发利用方式和生态系统造成深远的影响。理解气候是如何影响水资源这一问题，将推动水资源管理的发展，比如提高季节性径流预报能力，对未来应对可利用水资源量减少而制定规划是有帮助的。

延伸阅读

(1) Cleugh H，Stafford - Smith M，Battaglia M and Graham P（2011）*Climate Change*：*Science and Solutions for Australia*. CSIRO Publishing，Melbourne，<http://www. publish. csiro. au/pid/6558. htm>.

(2) CSIRO（2010）'Climate variability and change in south - eastern Australia：a synthesis of findings from Phase 1 of the South Eastern Australian Climate Initiative（SEACI）'. CSIRO，Australia.

(3) CSIRO/Bureau of Meteorology（2010）'State of the climate：observations and analysis of Australia's climate'，<http：//www. csiro. au/files/files/pvfo. pdf>.

(4) Garnaut R（2008）'The Garnaut climate change review：final report'. Cambridge University Press，Melbourne，Australia，< http：//www. garnautreview. org. au/index. htm>.

(5) Garnaut，R（2011）. 'Update Paper 5 - The science of climate change. Garnaut climate change review - Update 2011'. Commonwealth of Australia，Canberra，<http://www. garnautreview. org. au/update - 2011/update - papers/up5 - key - points. html>.

(6) Intergovernmental Panel on Climate Change（2007）Summary for policymakers. In：*Climate Change 2007*：*The Physical Science Basis*. Contribution of Working Group I to the Fourth Assessment Report of the Intergovernmental Panel on Climate Change.（Eds S Solomon，D Qin，M Manning，Z Chen，M Marquis，KB Averyt，M Tignor and HL Miller）. Cambridge University Press，Cambridge，UK and New York，USA，<http：//www. ipcc. ch/pdf/assessment - report/ar4/wg1/ar4 - wg1 - spm. pdf>.

第4章

地下水

Andrew Kerczeg

本 章 摘 要

（1）地下水的使用正在增加，而地下水是澳大利亚大部分干旱内陆地区的主要水源。

（2）地下水与地表水存在许多相同的可持续性问题。由于更新缓慢和资源的运移，对地下水过度开采使用所产生的不良影响可能在几十年内都无法觉察。

（3）地下水资源与地表水供给密切相关，澳大利亚很多地方的生态系统、植物和动物依靠地下水生存。

（4）含水层的持续开采极限通常比每年的补给或更新的速度要低得多。抽取含水层中的水会导致地下水水位下降，影响生态系统和河流流量，并增加水中的盐度。

随着地表水资源的充分利用，地下水的使用也在增加，而在干旱地区，地下水是主要的资源，地下水的需求也在增加。地下水在地表以下无处不在，但只有在水位不太深，岩石或土壤是可渗透的，且水质达标的前提下才能被利用。澳大利亚的许多地下水都因为其天然盐度而无法使用。

地下水被认为是可开采的资源，就像它所处的岩石，但现在地下水被普遍作为一种可再生资源来管理，它由降雨补给，向河流、湖泊、海洋以及通过植被排泄。因此，地下水管理面临着许多与地表水相同的可持续性问题。生态系统依赖于地下水的排泄，而地下水的过度抽取会降低水位以及水压力，从而对依赖地下水的生态系统和其他使用造成影响。

地下水被隐藏在地表以下，缓慢流动，因此对地下水的过度使用可能需要多年时间才能被觉察。不同层的水的复杂运动和相互作用很难被发现，但它们对资源的可持续利用有直接的影响，例如保护干净的地下水不被附近的盐层污染。许多地下水系统我们都不太了解，它们与生态系统的联系尚未明了，因此尽管资源压力不断增加，我们仍未掌握澳大利亚地下水的全部潜力。

4.1　地下水资源

可以在合理的时间内抽出的水，且不会导致井干涸的水量被称为"地下水产量"。这是决定地下水是否能得到有效利用的一个主要因素。盐度是限制地下水使用的另一个主要因素。澳大利亚大约 30% 的地下水为可饮用水（含总溶解固体少于 $1.5 \times 10^{6} \, \mathrm{mg/m^3}$）。其余的则从微咸到高盐不同，有的地下水盐度甚至比海水还高。

在岩石或沉积物具有高度多孔性且孔隙是相互连通时的含水层中，产水量就会很高。含水层通常是由不渗透的低含水岩石分隔开的，它们被称为"隔水层"，在这些岩石中，孔隙很小或不相连，而这些岩石实际上构成了水流的屏障。

澳大利亚沉积盆地的含水层可以覆盖数千平方公里，并包含多种不同水质的含水层，它们由隔水层分隔开。高产水量的盆地包括珀斯盆地、墨累-达令盆地（横跨南澳-维多利亚边界）和维多利亚的吉普斯兰盆地（图 4.1）。如果含水层被限制在隔水层之间，那么水可以在压力下保存；如果被钻孔穿透，则可以自由地流向地表。在没有任何抽水的情况下，水能继续流动的地方被

图 4.1　澳大利亚不同的含水层类型及其产水量[1]

称为自流地，最好的例子就是"大自流盆地"，它为澳大利亚大部分干旱的内陆地区提供了用水。

在澳大利亚的河流系统和沿海平原的冲积系上也发现了产水量极大的含水层。这些地区的沉积物具有多孔、可渗透的特点，并能提供高质量的新鲜淡水——最高可达 $300m^3/d$——深度很浅，因此很容易泵出。

珀斯的地下水样本分析（摄影：David McClenaghan，澳大利亚联邦科学与工业研究组织）

澳大利亚大陆的大部分地区都覆盖着坚硬的岩石（图4.1中前3个图例的区域）。这些地区只能提供有限的地下水资源，因为水只能通过岩石的裂隙和裂缝补充含水层。虽然地下水是存在的，但只有在裂缝连接的地方才可用。墨累-达令盆地的高地、高耸的山脉（包括阿德莱德山）、西澳大利亚西南部的达令山脉和悉尼盆地都对地下水有很高的需求，但地质条件却令这些地区基本没有产水能力。

4.2　地下水的利用

在澳大利亚，地下水的使用量在不断增加，但总量却难以估计。大多数地下水是由个人用户抽取的，很少有计量的，只有一小部分是通过分布的网络来管理。2004—2005 年，地下水使用许可约为 47 亿 m^3/a，占澳大利亚水资源消耗总量的 25%[2,3]。未经许可的地下水使用，主要用于存储和国内使用，估计每年还会增加消耗 11 亿 m^3[4]。据估计，自 20 世纪 80 年代中期以来，地下水的使用量几乎增加了一倍。最近的钻井技术和廉价的潜水泵可以将地下水从相当深的地下提取出来，从而促进了地下水的使用。

在澳大利亚的干旱地区,由于地表水资源非常稀缺,地下水便成为了主要的水源。例如,珀斯和艾利斯泉分别有80%和100%的水源来自地下水。当地表水资源稀缺时,用户会转向地下水以满足他们的需求。在南部墨累-达令流域的千禧年干旱期间,地表水可利用量的减少导致了地下水使用的适度增加(由2000—2001年的12.4亿m³到2007—2008年的15.31亿m³),但是地下水供应的比例急剧上升(11%~37%)[5]。考虑到供应的可靠性和自供给的方便性,即使在地表水充分供应的情况下地下水的使用可能也不会再回到以前的水平。

4.3 地下水作为可再生资源

地下水重新补给或补充的时间跨度从数年到几千年不等。最后,所有重新补给的水排泄到地表(图4.2)。因此,在某些方面,地下水与地表水是互补的——地下水层是一个巨大的水库,它的更新速度很慢。巨大的水库有效地应对每年甚至几十年的降雨量变化,它提供了高度可靠的水供应,但前提是它在不受影响的范围内,对其存储或生态系统不造成无法接受的影响。

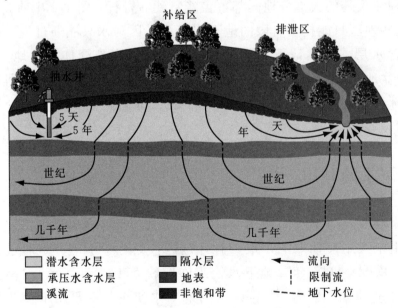

图4.2 两种含水层类型的理想化横截面[6]

[注:一是在地下水位以下的无承压含水层流入河流,并渗入井中;二是两个承压含水层在更长的时间尺度上的更新(美国地质调查局)]

　　不同类型的含水层具有不同的水库效应。尽管人工提取会改变其压力（图 4.2），深而大的沉积盆地仍拥有巨大的水量存储，相当于数千到数百万年的补给。与此形成对比的是，河流泛滥平原的小冲积层在数年之内就会更新，就像大坝一样，储水量更加多变，对用水水平也会更加敏感。

　　当雨水渗透到土壤中，渗透到植物根部，进入潜水地下水位时（图 4.3），就会发生分散式补给。洪水也会补给地下水，尤其是在北部和内陆的部分地区，这些地区受到雨季季风的影响，大量的洪泛平原被水淹没。洪水渗透进土壤，进入潜水含水层。

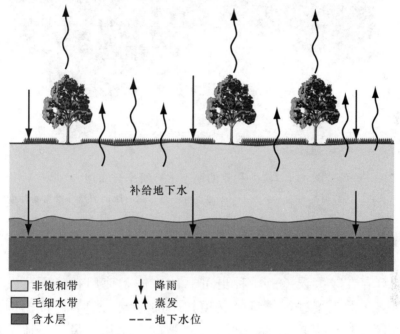

▢ 非饱和带	↓	降雨
▨ 毛细水带	↑↑	蒸发
▩ 含水层	---	地下水位

图 4.3　地面以下到地下水位的水通量概念图

（注：到达地下水位的降水取决于降雨、土壤和植被的蒸发以及土壤中储存的水量）

　　从地下水补给图中看出，澳大利亚综合补给量为 4400mm/a[7,8]，如图 4.4 所示。对于澳大利亚大部分地区来说，平均每年降雨补给不到 5mm，甚至更低比例的总降雨成为地表径流。在一些最潮湿的热带地区，在沙质海岸平原和湿润的高地上，每年的补给超过 30mm。但并不是所有的补给都是可用的，因为大部分的水都进入到了含盐、低产水或深层的含水层。

　　了解补给量是很重要的一点，因为补给量（而不是储存的水的体积）决定了可再生资源的最大水平。然而，众所周知，补给量难以测量或估计。从长远来看，分散补给是指在蒸发和径流中没有损失的降雨量。在澳大利亚大部分地区，潜在蒸发超过了降雨，但是，在零星的雨季和大风暴中，降雨超

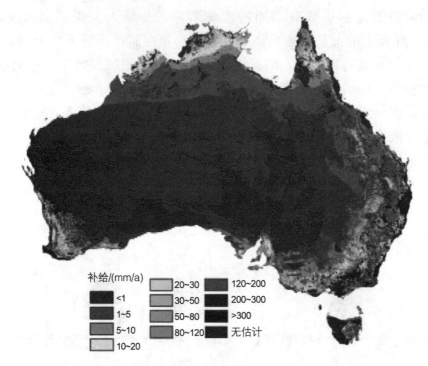

图 4.4 澳大利亚的地下水补给率分布图

［注：在整个内陆地区的数值都很低（不到 1mm/a）。这些是根据有限的测量外推出的补给的近似估计］

过了蒸发和补给。补给通常是根据降雨和蒸发率的不同来计算的，但降雨量或蒸发量（通常为几百毫米）中较小的误差往往会导致补给量（每年只有几毫米）的估算存在较大误差。一种更可靠的方法是使用在降雨蒸发过程中积累产生了氯离子的土壤进行测量。这项技术的难点在于如何按比例扩大这些测量值，以代表整个覆盖土壤、岩石和植被的含水层。另外，地下水的年龄可以用化学和同位素技术来测量，这些技术结合了地下含水层的数据，可以用来估计地下水的补给率。但是这些技术对地下含水层的渗漏和补给来源的假设非常敏感。通过在单个地下水模型中结合多种技术获得最好的评估结果，从而最好地协调对地下水补给的评估。

所有补给地下水系统的水最终都排泄了。地下水可以直接排入海洋、河流、湖泊和泉水。在地下水位较浅的地区，它也可以通过植物和土壤的蒸发而释放回大气。补给以许多微妙的方式发生，而且很难直接测量。一般来说，从长远来看，补给与排泄平衡；然而，对于年龄超过几万年的地下水来说，这种情况可能并非如此，在非常大的含水层中，排泄速率反映了过去气候条件下的补给量，而非当前速率。地下水的排泄是维持许多生态系统的重要组成部分，包括在土壤水分胁迫的情况下使树木存活。

4.4　地下水与地表水的联系

地表水和地下水是紧密联系的，尤其是与河流相邻的冲积含水层和维持湖泊水量的含水层。许多河流在经过支流的径流后，水量减少，原因是水流是由地下水的排泄维持的。例如，在北部地区的戴利河，在最干旱的 3 个月里几乎没有径流，但是地下水的排泄让它全年都在流动。除了在澳大利亚最潮湿的地区，河流是由地下水来维持的一个很好的表征是该河水全年都在流动。

地下水与河流之间的联系意味着使用一种资源可能对另一种资源产生负面影响。河流可以被定义为"获取""失去""分离"或"通流"，这取决于地下水和河流之间的相互作用（图 4.5）。在获取水量的河段，地下水的抽取可能最终会减少河道水流（图 4.6），因为这些水本来可以排到河中[9]。在损失水量的河段，地下水抽取会使水位下降，并从河流中获得额外的补给。当地下水和河流作为单独的资源进行管理时，这些相互作用被忽视，导致对可用水量的高估——这是一项被称为双重核算的问题。

永久性湿地接受地下水的补给（摄影：Bill van Aken，澳大利亚联邦科学与工业研究组织）

由于含水层的低梯度和低流速，抽水所造成的后果会有相当大的时间滞后。例如，在某些情况下，最近几十年在许多冲积含水层中，地下水的加速使用将不会显现。

地下水对河流的贡献可以从干旱季节的排泄中进行估计，但最近采用了

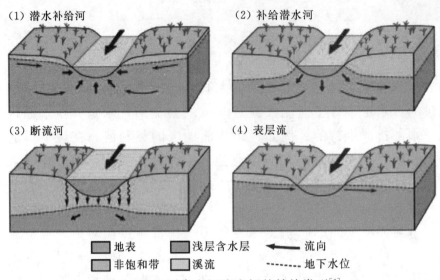

图 4.5 地下水和河流之间的补给类型[6]

[注：在一条潜水补给河中，地下水位比溪流高，溪流获得地下水。如果地下水位低于溪流，水流
就会流向地下含水层。在极端情况下，如果地下水位低于溪流的底部，水流就会断开，但仍然
接受从河床中渗出的水。在一个通流系统中，地下水穿过了河流（美国地质调查局）]

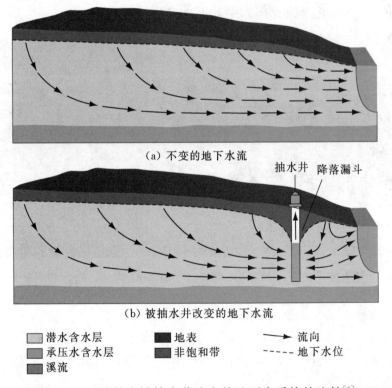

图 4.6 天然的和被抽水井改变的地下水系统的比较[6]

[注：从水泵中抽出的水变成了总排泄的另一个组成部分，拦截了原本可以排放到
河流中的地下水（美国地质调查局）]

化学和同位素特性的方法结合来揭示地下水的来源。这提供了一种相对简单准确的方法来估计地下水排泄的位置和数量。但从"消失的河流"到地下水的水量损失仍难以估计。

4.5 依赖地下水的生态系统

由于许多河流、湖泊和湿地都受到地下水的补给，与它们相关的生态系统、植物和动物物种均依赖于地下水的排泄生存。在澳大利亚，这样的例子包括低地森林，北部戴利河的河流动物群，大自流盆地的泉水和湿地，墨累河附近洪泛平原的赤桉树，季节性河流的接纳池，以及珀斯盆地的湖泊[10]。

一些海洋生物依赖于海水的排水来支撑它们的栖息地。地下含水层还含有独特的、多样的微生物群落，它们称为"地下动物"，其中包括能够代谢某些污染物的细菌。

树木对地下水的依赖形式比较微妙，它们可以在干旱季节或干旱地区长时间不降雨的情况下维持生长，如干旱地区的赤桉树。大部分的植被生长在靠近地表的地方，那里的土壤湿度较高。如果土壤变干，盐浓度变高，树木可以将主根延伸到地下水位，并汲取深处的水源以维持生命。

生态系统可以完全或部分依赖于地下水，它们需求的关键部分是确定地下水可持续开采率。依赖地下水的生态系统的范围和性质目前正在澳大利亚各地绘制成图。各种技术被用来估算地下水通量，但评估生态系统将如何应对减少排泄、降低地下水位，包括生态和水文评估是一个更大的挑战（见第9章）。

4.6 地下水可持续开采

含水层的补给速率是可以持续使用的地下水的最大绝对数量，但实际上，只有一小部分的补给可以被长期利用或不受影响。这是因为任何地下水的抽取都可以改变补给，减少其他地方的排泄，降低水位，或者通过含水层改变水流路径和水压力。这些变化可能会影响资源的其他使用者，包括依赖地下水的生态系统。

如果水的使用可以在未来很长一段时间里通过重新补给来维持，并且对其他使用者（包括地表水使用者）或环境没有不可接受的影响，地下水的开采就是可持续的。确实可持续产水量总是在对资源的不同需求之间进行折中，因为任何开采都会产生一些影响。监管机构有时可以决定允许在偏远地区的地下水库开采地下水，作为定期开采开发的一部分，或者在有限的地表水供应情况下，人为地对地下水进行更大的开采。

作为一个参考点，将可持续开采率表示为补给的百分比是有用的。如果没有非常细致的评估，作为一个简单的经验法则，提取不能超过50%～70%的补给。这种预防措施是必要的，因为补给的速度非常不确定，实际的速率可能比估计的要低。当考虑到当地水文地质、诱发的盐碱化或对依赖地下水的生态系统的影响时，可持续使用的水平可能比最初考虑的要低。国家土地和水资源审计部门[11]（图4.7）和澳大利亚联邦科学与工业研究组织的"墨累-达令流域可持续性项目[12]"已经揭示了几个面临严峻危机的澳大利亚地下水系统。

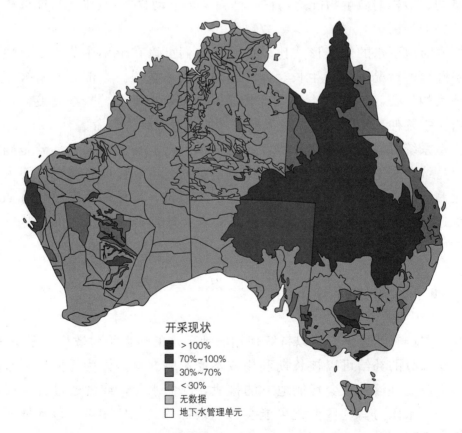

图 4.7 澳大利亚的含水层开采现状[11]

[注：澳大利亚的主要含水层系统已经开发到不同程度。所显示的开发状态是预估的长期可持续使用的水平（来源：国家土地和水资源审计中心，环境、水、遗产和艺术部）]

地下含水层通常有数百到数千个井。每个井经过抽水后会在周围产生一个下降环（图 4.2），下降的严重程度取决于抽水速率和当地水文地质条件。抽取也可导致含水层间的垂直渗漏。这可能会引起咸水从相邻的低质量含水层中进入，或者从沿海的含水层中抽取地下水会导致海水入侵，因为在珀斯，含水层水位下降到了海平面以下。

可能需要几十年的时间，地下水位或水压力的响应才会扩散到整个含水层，所以抽水的后果可能在其开发使用很久之后才会被检测出来。最终，补给与抽取和排泄平衡的地方将会达到一个新的低水位。这个较低的水位将会向河流和湖泊排放较少的水量，并且可能少到足以使水井干涸。

大自流盆地是过度使用的一个代表性例子。它是世界上最大的连续地下水系统之一（图 4.8），并支撑着数百个泉水和湿地，其中许多被列入国际重要湿地公约。从补给区到排泄区多达 1500km，水龄是 1 万～200 万年。成千上万的水井已经钻入了盆地的高产水力的含水层，许多井遗留下来，降低了含水层的压力，并促进了野生动物和杂草的生长，否则它们将得不到可用的水源。一个关于限制开采井的项目能够且正在恢复含水层的系统压力，使其能够持续使用和维持相关的生态系统。来自大自流盆地的大多数水用于储存，大约每年 5 亿 m^3，但采矿和资源领域也有新的需求，特别是企业寻求在昆士兰苏拉特和鲍恩盆地发展丰富的煤层气资源，这可能影响到现有用户（第 10 章）。

南威尔士北部的纳莫伊地区（图 4.9）是澳大利亚地下水资源开发程度最高的地区之一。这是一个有压系统，在这个系统中，地下水开采率过高，但被认识到为时已晚了。大约每年有 2.5 亿 m^3 的地下水（2004—2005 年）来自纳莫伊，相当于整个大自流盆地每年开采量的一半。在纳莫伊地区，地下水的大量使用已经将地下水位降低了几米，而冲积层含水层现在基本上可以从该地区失去的河流中获得大部分的补给。墨累-达令盆地的可持续产量项目表明[14]，在纳莫伊地下水的使用超过了补给；水量平衡表明，地下水的使用增加几乎完全与河流的诱发泄漏有关，这减少了干旱时期的河水流量，增加了由于地下水水位下降而导致的盐碱化和土地沉降。

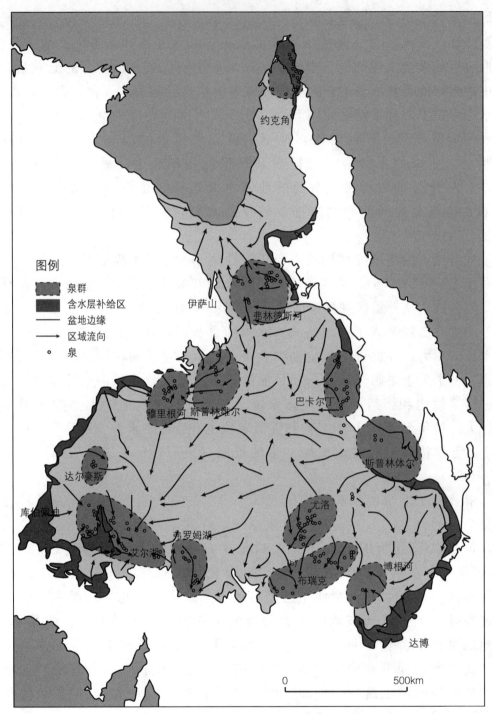

图例
- 泉群
- 含水层补给区
- 盆地边缘
- 区域流向
- 泉

约克角

伊萨山

弗林德斯河

穆里根河 斯普林维尔

巴卡尔丁

斯普林体尔

达尔豪斯

库珀佩迪

尤洛

弗罗姆湖

艾尔湖

布瑞克

博根河

达博

0　　　　　500km

图 4.8　地下水流向图[13]

［注：大自流盆地从卡塔利亚湾一直延伸到西昆士兰的大部分地区，甚至抵达墨累-达令盆地的西北部，
并进入北领地和南澳大利亚。这张图显示了地下水和地下泉水的主要方向（箭头）。主要的补给区位
于大分水岭的西部斜坡上，在西部的边缘地带也有一些补给（来源：ABARES）］

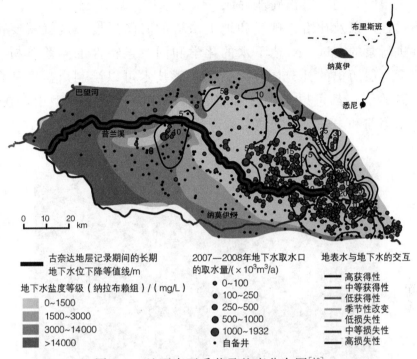

图 4.9　地下水开采井及盐度分布图[13]

［注：新南威尔士较低的纳莫伊地区的评估报告中的一个例子显示了水井、盐分的
分布和损失流（地下水）的评估，以及从地下水中获得补给的河流。东部的地下
水位正在下降，西部的地下水含盐量也在上升。纳莫伊河不再对地下水补给，
朗泉从排泄的地下水中获得了补给］

4.7　结语

　　许多历史上具有高使用率的含水层显示出过度使用的痕迹，如水位下降、
地下含水层压力降低，以及对未来使用、地下水盐度、河流流量和生态系统
的影响。几十年来，由于代行、平整和缓慢流动的地下水系统固有滞后效应，
人们并没有意识到地下水的过度使用。由于盐碱和生态破坏很难逆转，加之
历史上对可靠水源供应的预期，因此对这些系统的修复是昂贵且困难的。近
期地下水使用量增长的影响尚未显现，鉴于目前使用的后果在许多情况下仍
然存在，在未来的地下水开发中应采取一些谨慎的措施，将有效的风险评估
和管理过程落实到位。

　　地下水系统隐藏在地表之下，并涉及复杂的地质构造，因此难以清楚的
了解。这些原则是很容易理解的，但是应用这些原则来描述每一个含水层的

独特情况是很困难的。要正确理解地下水含水层，就需要了解含水层的尺寸、结构和渗透性，以及补给、排泄和地下水流的时间尺度。这就需要钻出许多钻孔，并进行泵的测试。对地下水的化学和同位素特性的实验分析，提供了一幅关于含水层历史的补充图片，新的遥感技术可以绘制出盐度和含水量的地图。所有的信息都可以被解释和整合到详细的地下水模型中，在模型中，预测可以由当前和未来提取的结果来进行。

位于南澳的冈比亚山由地下水补给的蓝湖（摄影：Bill van Aken，
澳大利亚联邦科学与工业研究组织出版社）

最好的地下水评估是将所有这些技术结合，通过研究来不断提高其准确性，但是详尽的地下水评估既昂贵又费时，而且不能所有的含水层同时进行。采用风险评估方法较合适，在这种情况下，调查的级别与使用可能产生的后果相匹配。对于那些几乎没有使用前景的大型含水层，勘测评估和当地经验是合适的评价方法。随着使用频率开始接近合理均衡的补给率，以及考虑其他用户和环境影响的地方，需要进行更详细的评估。目前的挑战是确保更多的调查和法规跟上不断增长的使用步伐。地下水监测和适应性管理可以通过对过度使用的早期症状的检测和反应来补充并制定全面规划。对地下水的进一步了解将有助于减少在未来使用过程中需要采取预防措施的情况，或者降低因过度使用所产生的影响。

延伸阅读

（1）Australian Government Department of the Environment，Water，Heritage and the Arts（2009）Groundwater publications，＜www. environment. gov. au/water/publications/environmental/groundwater＞.

（2）Evans R（2007）The impact of groundwater use on Australia's rivers：exploring the technical，management and policy challenges. Land and Water Australia，Canberra，＜http：//lwa. gov. au/ files/products/innovation/pr071282/pr071282. pdf＞. Geoscience Australia：types of aquifers，＜www. ga. gov. au/groundwater/groundwater-in-australia＞.

（3）Hatton T and Evans R（1998）'Dependence of ecosystems on groundwater and its significance to Australia'. Occasional Paper No 12/98. Land and Water Resources Research and Development Corporation，Canberra，＜http：//lwa. gov. au/products/pr980270＞.

（4）Queensland Government（2011），The Great Artesian Basin'. Factsheet W68. Department of Environment and Resource Management，Brisbane，＜www. derm. qld. gov. au/factsheets/pdf/water/w68. pdf＞.

第 5 章

水　质

Simon Apte，Graeme Batley

本 章 摘 要

（1）严格的水质控制措施可以保护人类健康和水生生态系统不受化学物质和生物污染物的危害。

（2）一般来说，对污染源的源头控制比后期补救更有效，这是由于污染物能通过食物链在环境中不断累积。

（3）高盐、富营养、重金属、病原体和有机污染物（如杀虫剂）是造成澳大利亚水质变差的主要原因。污染物来源广泛，其中包括农业、工业和城市地区。

（4）在水道底部的沉积物层是存放营养物质和污染物的主要载体，这些污染物在一定的条件下被释放到水里并在某些条件下产生毒性。

（5）一些新的污染物，如药品，不断涌现，大量的监测和研究集中揭示它们在水环境中存在的方式及毒性。

重要的不仅仅是水量，还必须保持水的质量才能让其发挥作用。通过水处理或保护水源（如悉尼、墨尔本和珀斯大部分地区提供优质水源的供水区）来维持人类健康的饮用水质量是最重要的。金属和病原体等污染物也可能进入食物链，因此，灌溉水的质量和渔业的质量一直是人们关注的问题。低质量的灌溉和库存水也会降低农业生产率。最后，自然生物对某些污染物非常敏感，因此为了保护水生生态系统，需要维持最高品质的水。例如澳大利亚和新西兰对于铜污染的标准指标是淡水生态系统 $1.3\text{mg/m}^{3[1]}$，而饮用水的标准是 $2\times10^3\text{mg/m}^3$。

溪流、河流、湖泊和地下水中含有化学和生物成分。天然水体含有磷、氮、阳离子和微量金属等基本营养素。还有一些生物成分，如藻类，它们是鱼类和无脊椎动物生存的基本要求。水的物理性质，包括它的温度和透明度，也影响水生生物。从大坝深处释放出来的水十分寒冷而且氧气含量不足，给下游数十公里的生物带来致命伤害。因此，大坝的泄水阀被重新设计，从而使其可以从更高的地方取水。

　　自然生态系统已经适应了各类的自然水质范围，它们横穿了澳大利亚，从清澈的雨林溪流到自然浑浊的昆士兰西部的库珀水域再到干旱区高盐度湖泊。由于水污染，自然水质发生了改变，对人类和其他生物的健康产生威胁。污染的原因可能是由于某些成分的自然浓度发生了变化。例如当水中营养水平过高或者氧气浓度过低时，会引发藻类的有毒生长。当然，产生的污染也来自于制造业，它们包括药物在内的许多不常在水中发现的成分。

　　管理流域或地下水系统中的污染物涉及几个步骤[2]。首先是界定水的用途和环境价值，以及污染带来风险，然后确定污染源和运输途径。在有多种土地用途的大流域中，可能有许多来源，如化学和生物污染物，这些污染物可以随着环境而改变。例如除草剂可以降解成无害的成分，因此它们只是接近于源头的可能污染物。然后制定改善水质的目标，以及可供实施的管理措施。水质监测用来识别新的污染风险，并帮助评估管理策略的有效性。

　　近几十年来，由于严格法规在工业工厂、医院、污水处理厂和矿场等源头控制污染，点源污染的水质有所改善。集水区土地使用造成的水体扩散性污染更难解决，也是当今最广泛的污染问题。盐、氮、磷和悬浮沉积物等扩散污染物广泛的来源于农业和城市土地利用过程中，造成了澳大利亚大部分地区水质的恶化。

　　在每个集水区，都有许多可能的污染物来源（图 5.1），这使得控制这些污染物的难度加大。作为水的天然成分，尽管在这方面已经取得了很大的进展，但预防生态破坏所需的措施力度很难界定，并且具有高变异性。

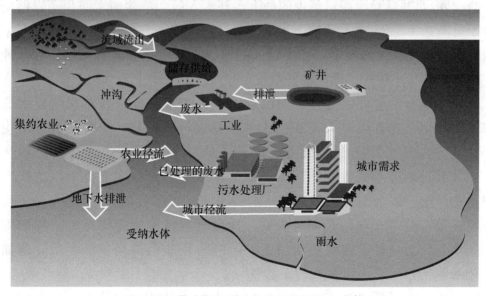

图 5.1　潜在的污染源和污染物进入水体

5.1　盐度

土地利用引起的盐度增加影响了农业区约 1/3 的河流，并且每年要花费约 35 亿澳元来处理[3,4]。盐度对饮用水的使用有影响，包括从墨累河获得的阿德莱德的水源，以及用于灌溉和储存的水（表 5.1）。尽管大多数澳大利亚成年鱼都能承受高盐度，但是幼鱼（如墨累鳕鱼）对盐特别敏感[5]。

表 5.1　　　　高于农业生产或使用质量下降的指示性盐浓度

（海水的浓度约 $3 \times 10^7 \, mg/m^3$）

水的利用	盐浓度/（$\times 10^3 \, mg/m^3$）
饮用水	500
蔬菜和水果的灌溉	500～1500
草场灌溉	800～3000
奶牛	3000
绵羊	6000

盐的最终来源是降雨，降雨中含有少量来自海洋甚至远在内陆的水雾。盐在土壤中积累了几千年，特别是在那些降雨量非常低的地区（300～600mm/a）。地球化学和同位素证据显示盐的来源是海洋气溶胶和降雨，即使一些岩石是在海底沉积的。在现行土地使用制度下，随着地下水水位的抬升，盐被运送到河流中。在森林和林地的自然覆盖下，地下水补给量很少（约为每年降雨量的 0.1%～2%），并且只有相对较少的地下水补给入河。清除树木减少蒸发所增加的补给量高达 10 倍，这导致地下水水位上升。盐度上升也是由于灌溉区和采矿区直接将盐水排放到河流中。盐度较低的河的大部分盐分来自天然的含盐地下水，由于清除了小桉树林地和灌溉系统，导致含盐水平上升（图 5.2）。

河流的盐分含量可以通过增加流域植被覆盖率和促进牧草深层根系的发展来减少，但是这需要对大面积的土地重新进行再种植[5]。盐截留方案用于将高盐地下水或地表排水输送用于蒸发或储存于盆地，以防止它们到达河流[7]，并通过改进灌溉方式，减少了地下盐水的补给。在支流中维持淡水的排泄也很重要，因为它能稀释地下盐水。因此，在墨累-达令盆地，为了维持其环境流量，盐度管理是必不可少的。盐度管理也采用像碳排放一样的限额交易制度，作为一种准许水的新用途，同时防止盐污染增加的手段，例如控制新南威尔士州的猎人河流域的采盐量[8]。

盐度的一个矛盾之处在于，虽然它是干燥大陆的一项指征，但在多雨的

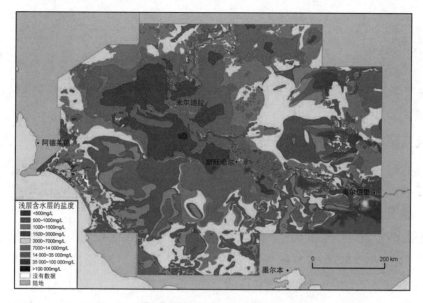

图 5.2　澳大利亚东南部墨累盆地浅层地下水矿化度图[6]
（注：墨累盆地中部的大片咸水慢慢流入墨累河）

年份表现得更为明显。近年来，在植被恢复、排水和截盐等方面取得了很大的进展，但千禧年的干旱通过减少补给缓解了盐分。20 世纪 70 年代初期，澳大利亚大部分地区都出现了盐碱化问题，而在 2010—2011 年，澳大利亚东部出现的罕见的降雨和洪水经过仔细监测，以评估地下水位上升和十多年来干旱的冲积平原的盐分流失是否会导致盐度回升。

在新南威尔士州塔姆沃斯附近的查菲水库中的蓝绿色藻类
（摄影：Brad Sherman，澳大利亚联邦科学与工业研究组织）

5.2 水华

藻类是水生态系统一个天然且必不可少的组成部分。藻类包括蓝藻、硅藻和海藻，它们进行光合作用，为动物提供食物。然而，许多河流、湖泊和沿海水域已成为富含氮和磷的地区，这一过程称为富营养化，这是由于农业和城市排放造成的。富营养化导致藻类的过度生长（水华）。蓝藻的特点是可以排泄对动物和人有害的毒素，这些毒素可通过吸入或皮肤接触产生危害。水华的快速分解消耗了水中溶解的氧，导致鱼类死亡。

在19世纪80年代和90年代，藻类繁殖速率迅猛增加，这促使人们努力寻找这其中的原因并消减其影响。研究表明，虽然河流长期处于高氮磷水平，但当地的光、浊度和水分层条件是水华的重要诱因[9]。澳大利亚的许多河池和水库在温暖的条件下变得分层，且流入量很低。底层的水和沉积物变得缺氧，改变了沉积物的化学性质，导致磷和氮溶解到水中，刺激了藻类暴发[10]。浑浊的水域更容易出现有毒藻华，因为有毒的藻类浮在水面上，而且在更深处的水域中，它们比其他藻类受到的光照更少。

很明显，在短期内管理当地的条件比减少沉积物、氮和磷的含量更为有效，尽管从长远来看那是有帮助的。环境流量可以用来冲洗和稀释营养物质和藻类并减少低流量或无流量的时段。在容易出现水华的水库中，水被机械搅拌以增加氧气并减少分层[10]。在城区，污水处理和雨水径流的减少降低了养分负荷。另外，利用固磷剂等产品，可将磷从水体中去除。锁磷剂是一种经过改良的黏土，可以将磷牢牢地结合在一起，这样即使在缺氧条件下也不会释放磷[11]。

5.3 沉积物

由于澳大利亚地质结构的极度稳定性，其河流中的沉积物和营养物质的自然负荷非常低。当地植被的清理和农业用地的开发改变了这一状况，将沉积物的负载增加10～50倍，特别是清除之后的几年里[4,12]。泥沙在城镇供水中相对容易去除，但它有着重大的生态影响。沉积物在风暴期运移，并随着水流的减弱而沉积。这些沉积物抑制河床发展，掩盖更多适宜动植物的栖息地，杀死植物和其他生物。这些沉积物可能悬浮在水中，造成高浊度，沉积物中含有的金属和营养物质在某些条件下可释放到水中。沉积物中的金属可以在某些生物体如蚯蚓、贝类和小型甲壳动物消耗沉积物时浓缩于食物链中。

沉积物是由多种来源构成的污染物，也是这类污染物里一种理想的例证。沉积物可以侵蚀所有景观，但其侵蚀程度并不一致。在一般情况下，在70%～80%到达河口的沉积物中只有20%是从上游集水区衍生的[13]。因此，一旦流域沉积模型确定了重点区域（图5.3），可以针对这些重点区域制定控制沉积物污染的流域管理措施。通过寻找与之相关的侵蚀过程，可以实现对其进一步的定位。虽然农业用地是一种公认的侵蚀来源，但用沉积物的化学成分来对沉积物来源的跟踪结果表明流域产生的总沉积物中，有90%是由河堤和沟壑的加速侵蚀过程引起的[12,14]。通过确定沉积物来源，可以针对明确的来源进行更有效的管理。减少侵蚀的最有效的方法是通过恢复退化的河岸带或改进耕作方式来增加植被的覆盖度。

澳大利亚南部波利瓦尔的回收水综合设施（摄影：Greg Rinder，
澳大利亚联邦科学与工业研究组织）

如果生物群落受到严重影响，可能需要修复受污染的沉积物。污染场地的修复仅涉及疏浚和授权处理受污染的沉积物，开挖和焚烧现场，采用防潮挡板材料封盖受影响地区以防止水分渗入和污染物的运移，或应用复杂的清理技术，即借助化学程序（如氧化或还原）来破坏或提取污染物。生物修复可用于某些污染物，这是一种利用微生物降解污染物的过程。在澳大利亚，两个最大的沉积物修复活动目前正在悉尼港的霍姆布什湾（历史的二噁英污染源）和纽卡斯尔海港进行，那里石油和金属污染严重。

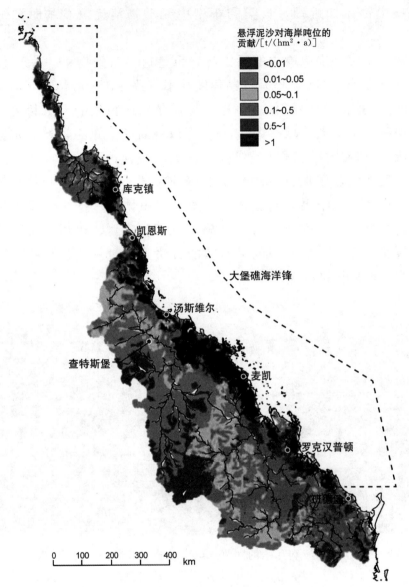

图 5.3　泥沙对海岸吨位的贡献分布图[13]

（注：排水到大堡礁的流域沉积物模型试验结果模型显示，超过 5000 个子流域对海岸
沉积物的贡献最大。预计靠近海岸的流域和集约利用的土地是最高的贡献者，
因为来自内陆流域的沉积物在到达海岸之前受到限制，或是由于降雨少和
较低的土地使用率，那些流域侵蚀率较低）

5.4　河口和沿海水域

沉积物、富营养化和其他污染物的综合影响对包括大堡礁近岸地区河口

和沿海水域产生了重大影响[15]。营养输入的增加，特别是氮和浊度的增加，导致海草床或珊瑚上长满藻类进而减少了海草和珊瑚的数量。高浊度沉积物的再悬浮降低了光水平，这种环境更有益于藻类生长，不利于海草和珊瑚生长。草床下降的例子包括菲利浦湾、摩顿湾，以及阿德莱德和珀斯的沿海水域。海草是鱼和虾的重要食物来源且为它们提供庇护场所。如果海草缺失，底部的沉积物就会暴露出来，并随着潮流移动，导致海草再次生长过程十分缓慢。世界上的其他地区，重新建立适宜的环境后，海草的再生长时间长达20 年。

恢复海草需要将减少沉积物、输入营养及与重新种植海草的方法相结合。阿德莱德附近海域的氮源包括污水处理厂、主要工业排放物和雨水径流。阿德莱德海岸海草草场的大规模恢复需要人工干预，如为幼苗提供适当的基质，移植成熟的苗木，收获和种植发芽籽苗。珀斯和摩顿海湾的海草也需要类似的管理控制。

5.5 有机化学物质和农药

在澳大利亚，经常使用的人工制造工业品和家用化学品多于 20000 种。这些污染物可以通过空气沉降，或者直接从污水处理厂和工业废水中排放出来而进入水域。通常通过限制工业排放来保护环境，包括有机物和化学污染物。由于物质的数量太多，为所有的水质设定水质标准是不现实的。对于大量排放或毒性特别大的有机化学品，已制定了相关准则。

水道中发现的化学物质包括杀虫剂、除草剂、防污涂料、多氯联苯（PCBs）、多环芳烃（PAHs）和石油碳氢化合物。因为鱼类和对虾体内含有有毒的有机氯化学品，悉尼港的商业捕鱼目前遭到禁止。这些污染物来自以前的工业场地，它们从污染土壤中淋溶，或通过侵蚀沉积物沉积在港口。它们从沉积物中积累到水生生物的组织中。

农药可以粗略地分成用于控制杂草、昆虫和真菌（如除草剂、杀虫剂和杀真菌剂）的化学物质。与大多数发达国家一样，澳大利亚仍是一个农药使用大国。农药可以通过喷雾漂流或是径流进入水道。在某些情况下，它们甚至被用来控制水域中的杂草。这些化学物质不仅可以去除不需要的杂草和害虫，也对水生生物有危害，即使是非常低的浓度。现在已被禁止的化合物，如 DDT、氯丹和狄氏剂的残留仍非常持久，在水和沉积物中仍然可以找到。

减少农药和其他化学品的污染可以通过以下三种方式来实现：用较少的

在南澳大利亚的弗吉尼亚州进行空中喷洒（摄影：Greg Rinder，
澳大利亚联邦科学与工业研究组织）

持久性化学品进行替代，在现场循环或储存水以防止排放到水道，通过新的
农业和工业实践减少使用。原来的持久性农药现在已经被那些在发挥完功能
后降解更快的农药所取代。草甘磷（或"朗达普"）现在是澳大利亚最常见的
除草剂，这种除草剂可以在几天时间内便降解。

从历史上看，棉花产业是农药的最大用户之一，并与造成众多鱼类死亡
的硫丹的使用有关（一种农药，每万亿分之一的浓度都是有毒的），但三种处
理机制大大减少了风险。硫丹正逐渐被低残留的毒死蜱和氯氰菊酯所取代。
用于种植棉花的水现在保留在农场，尽管仍存在从空中漂移的风险。自1996
年，澳大利亚市场上的转基因棉花株[16]比常规棉花品种减少了80％杀虫剂的
使用[17]。这些新品种含有一种土壤细菌的蛋白质，这种细菌能将杀虫剂的特
性赋予整个植株。

5.6 病原体

病原体是由于污水排放或动物废物的扩散而最终进入水体的致病微生物。
它们包括各种各样的活微生物，包括细菌、病毒和原生动物。十分严格的规
定以确保饮用水供应经过充分的处理并且没有微生物的污染[18]。这包括对流
域内病原体来源和运输途径的管理，以及多重处理设施（第7章）。例如放牧
牲畜的动物粪便可能是水库病原体的重要来源，这就是为什么许多澳大利亚
的城市供水集水区有严格的土地使用限制，在很大程度上，是为了保留自然

植被覆盖，从而保证较高的水质。

因为有很多种潜在的病原体，对每种病原体都进行常规分析是不现实的，所以像粪便之类的指标被用来监测微生物的水质。目前，微生物测试的执行速度很慢，最多需要 15～24 小时，因为它们依赖于培养细菌。这就造成了污染在得到控制之前留下延迟。因此，一个主要目标是发展病原体和指示生物的快速分析技术，以便能够作出更迅速的反应。这可能是在饮用水回收方面最有用的应用。

5.7　金属污染物

来自点源的金属污染包括采矿和矿石加工活动，以及来自含金属废料的特定行业，如煤炭燃烧产生的粉煤灰。澳大利亚有许多与历史污染事件密切相关的例子，当时的监管控制很差，或者根本不存在监管。这些例子包括：麦格理湖（新南威尔士）的铅/锌冶炼、皮利港（南澳大利亚）的铅冶炼、霍巴特（塔斯岛）的锌精炼、国王河附近和西塔斯岛西部的麦格理港的采铜及其加工[19]。这些极端的案例对水生生态系统造成了严重的影响。此外，在某些生物中，金属浓度达到了令人担忧的高度。例如 20 世纪 70 年代，塔斯马尼亚州德文河的牡蛎被当地一家冶炼厂排放的锌严重污染，不再适合人类食用[20]。与大多数有机污染物不同的是，金属污染是持久性的，而且不会随着时间的推移而分解，因此在源头上的预防比补救更可取，因为补救措施既昂贵又缓慢。

在澳大利亚的许多地区，活跃的采矿点对当地水域的铜、铅、锌、镍和铀等金属的浓度贡献较低，这些物质的释放均受到严格的监管控制，而且只有在极端情况下，浓度才会超过水质标准。有些采矿废料密封在尾矿坝中，不排放到环境中。

城市和居民区是微量金属（十亿分之一水平）向水体扩散的来源，这可能导致一种复杂的污染物混合。例如公路上的雨水径流从轮胎中获得锌，而铜则来自刹车片。溶解的锌是由于雨水冲刷镀锌的金属覆盖层，溶解的铜则由大量来自水管的缓慢淋溶作用。许多金属是人类和水生生物的重要营养物质，特别是铜、钴、锌和铁。尽管有机物质对高于正常的铁浓度有相当强的耐受度，但过量其他的金属可能造成毒性，即使是在十亿分之一浓度的情况下。金属毒性很大程度上与某些元素的化学形式有关：自由金属阳离子（如 Cu^{2+}）[21]。目前，正在进行的分析只确定金属污染物的生物可利用部分和潜在毒性部分，以便更好地确定会对生态系统健康带来的风险，并确保工业不受到不必要的严格排放控制。

不断上升的地下水水位影响了盐度，新南威尔士的格里菲斯
（摄影：Bill van Aken，澳大利亚联邦科学与工业研究组织）

5.8　酸性硫酸盐土壤

酸性硫酸盐土壤的污染效应是在鱼类死亡和鱼病（如红斑溃疡）发生时才体现出来的。酸性硫酸盐物质是天然存在的，通常是在有机沉积物（如红树林泥浆）的水浸作用下形成的，它会导致硫化铁的形成。原始状态下，这些土壤是无害的，但执行当挖掘或排水操作时，土壤中的硫化物与空气中的氧气发生反应，形成硫酸。酸可以溶解铝等金属，如果排放到河流和河口，金属和酸的结合物可以杀死动植物，污染饮用水和食物（如牡蛎），腐蚀混凝土和钢铁等。

千百年的干旱加剧了墨累河下游湖泊和湿地的酸性硫酸盐土壤问题，水位下降暴露了硫酸盐物质。通过对水位的细心管理，以及在一些流入下游湖泊的河流和小溪中添加石灰，酸的形成得以减轻。最近当酸性物质再次卷土重来的时候，似乎并没有受到其排放所带来的危害。

5.9　地下水污染

地下水的污染是由于偶然的泄漏和其他意外的化学物质释放而产生的，这些化学物质通过土壤向下渗透到地下水中。它会污染饮用水供应，灌溉用水，以及地下水排放到地表水体的生态系统。地下水的缓慢流动、缺乏混合和稀释可以使高浓度的污染物保持几十年，并且远离最初的来源，因此，预防是最有效的管理办法。

西澳大利亚州珀斯市的加油站燃油罐被移走，这些燃油可能会渗漏到地下水中
（摄影：Bill van Aken，澳大利亚联邦科学与工业研究组织）

地下水污染物包括石油燃料和工业溶剂等有机液体（例如在干洗业和塑料制造业多年使用的四氯乙烯）。石油燃料的密度比水小，所以它们漂浮在地下水位上。一些溶剂的密度比水大，并下沉到地下水位以下，流向含水层系统的底部。这两种有机液体在几十年到几个世纪的时间里慢慢溶解到地下水中。

在昆士兰州布里斯班的维温霍湖正在进行水质监测
（摄影：澳大利亚联邦科学与工业研究组织）

地下水污染的补救可以通过生物降解来实现，例如通过使用可以消耗有机污染物的细菌诸如苯，但它们需要恰当的化学条件，如大量的氧气、硝酸盐或硫酸盐。在污染物的前缘建立人工屏障可以减少污染物的迁移。这些障碍的安装成本很高，但持续的低成本使它们从经济角度而言有很大的吸引力。可渗透的反应性屏障允许部分水通过，但含有能降解或固化污染物的活性成分[22]。

5.10 新型污染物

新的化学药品不断被引进，但只有一小部分能够通过常规检测在水中发现。新出现的化学或微生物污染物的释放可能在很长一段时间内未被识别，直到开发出新的、更灵敏的分析检测方法。美国和欧洲的研究表明，在住宅、工业和农业废水中发现的大量化学物质通常以低浓度的混合物形式出现在河流和小溪中。检测到的化学物质包括人类和兽药、天然和合成激素、清洁剂代谢物、增塑剂、杀虫剂和阻燃剂。在澳大利亚也发现了类似的结果。这些污染物的存在和意义与水的循环利用有很大的关系。

环境中某些药物含量低的污染也可能会通过病人使用处方和非处方药来影响水生生物，尤其是在污水处理过程中几乎没有退化或去除的情况下。兽医用化学品可能通过动物排泄物和农场径流进入水体。稀释可以将污染物的浓度降低到令人担忧的水平以下，但澳大利亚的低排放河流和小溪加剧了这一问题。

最近的研究集中在有机污染物上，它可以通过调节、模拟或干扰荷尔蒙来扰乱动物的繁殖或生长。这些化合物被称为内分泌干扰化学物。它们包括体内产生的激素、合成激素（如控制生育的人造激素）和工业/商业化合物，这些化合物可能具有某种激素功能（如烷基酚、杀虫剂、药物和酞酸盐）。自然的雌性激素是从女性体内排出体外的，但是，在污水处理过程中会发生化学变化，使雌性激素恢复到原来的化学形式和生物活性。这一领域的一个主要挑战是要了解生物活性污染物的混合物是如何与生物体相互作用的，以及污染物之间的相互作用会如何放大生物效应。

纳米材料代表了一种新的污染物。它们的成分极其多样，由于它们体积小，可能在等同的宏观形式下具有不同的化学和物理特性。澳大利亚和海外有大量的研究活动致力于评估这些新材料对水生环境的潜在影响，以及确定它们是否需要自身水和沉积物的质量指南。

延伸阅读

（1）Australian and New Zealand Guidelines for Fresh and Marine Water Quality （2000），＜http：//www. mincos. gov. au/publications/australian and _ new _ zealand _ guidelines _ for _ fresh and _ marine _ water _ quality＞.

（2）MDBC（2003）'Keeping salt out of the Murray'. Murray – Darling Basin Commission，Canberra，＜http：//publications. mdbc. gov. au/view. php? view＝423＞.

（3）NEMP（1996）'National Eutrophication Management Program：1995—2000 Program Plan'. Land and Water Resources Research and Development Corporation，Canberra，＜http：//lwa. gov. au/files/products/land – and – water – australia – corporate/ ew071245/ew071245 – cs – 19. pdf＞.

（4）Queensland Department of the Premier and Cabinet（2008）'Scientific consensus statement on water quality in the Great Barrier Reef'. Reef Water Quality Protection Plan Secretariat，Brisbane，＜http：//www. reefplan. qld. gov. au/about/assets/ scientific – consensus – statement – on – water – quality – in – the – gbr. pdf＞.

（5）Radcliffe J（2002）Pesticide Use in Australia. Australian Academy of Technological Sciences and Engineering，Canberra.

（6）South East Queensland Healthy Waterways Partnership（2011），＜http：// www. healthywaterways. org＞.

（7）Woods M，Kumar A and Kookana RS（2007）'Endocrine – disrupting chemicals in the Australianriverine environment'. Land and Water Australia，Canberra，＜http：// lwa. gov. au/products/er071403＞

第6章

城市水资源的可持续利用

Alan Gregory，Murray Hall

本 章 摘 要

（1）到2050年，澳大利亚城市人口将增加1000万~2000万，这意味着需要供给更多的水、处理更多的污水以及提供更多的能源来满足城市人口增长需求。

（2）作为广义的城市宜居性和城市可持续性的一部分，城市对水、能源和其他资源需求的不断增长催生着城市用水的新思路。

（3）通过从废水中回收水、能量、碳和营养物质，在城市中再利用，或作为粮食生产肥料的方式来提升城市的可持续发展，具有巨大的潜力。

6.1　城市的发展及可持续需求

到了21世纪世界人口将以城市人口为主。世界上一半的人口目前已经生活在城市中，到2050年这一比例将上升至70%（图6.1）。到2050年，预计世界人口增长几乎全部发生在城市地区[1]。

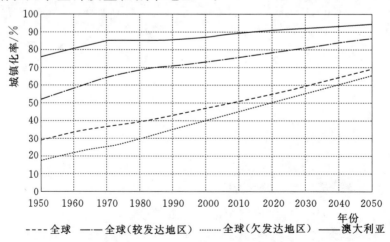

图6.1　1950—2050年城镇化率[1]

（注：全球城市人口比例逐年增加，特别是在欠发达地区，澳大利亚城市化程度已经很高，
但城市人口仍将持续增长）

　　世界各地区城市供水的需求将会增长，澳大利亚也不例外。澳大利亚已经高度城市化，几乎 90％ 的人口居住在城市，但未来 50 年澳大利亚仍将新增 1000 万～2000 万城市人口[2]。预计至 2056 年，仅首都堪培拉就需要再容纳 1050 万人[2]，这相当于目前悉尼、墨尔本、珀斯和阿德莱德的人口总和。新增的城市人口不仅需要更多的水资源供应，而且将产生更多需要处理的污水。同时，新修建的屋顶、道路和铺装区域将产生更多的城市雨水。这些城市排放物已经显著影响了城市周围的重要河流，河口，海岸和地下水系统，这种城市增长的规模使得河道面临越来越大的压力。

　　城市规模的快速增长和超大城市的出现引发了对未来城市发展可持续性的关注，如何对水资源进行管理是解决这些问题的关键。城市水资源系统已经演变成大型的、高度工程化的系统，从集水区和含水层取水，通过大规模的管网分配，并且只使用一次。随后将大部分用过的水收集在大型污水处理系统中进行处理，以除去污染物和营养物质，然后再重新排放到河流和海洋中。这些系统为居民和工业生产提供可靠的清洁水，保护了公众健康，但有人认为这些系统的用水效率还有较大的提高空间，而不仅仅是取用更多的水、处理更多的废水和排除更多的雨水。随着人口的增长、水资源的充分配置以及气候变化导致的集水区和含水层的供水减少，当地的水资源需要更加有效的利用。

　　国际水协会认为，城市水资源管理的目标应该扩大，以进一步提高城市的宜居性和可持续性[3]。城市水资源系统不应该孤立存在和运行，它与城市及其周边地区的其他系统是紧密联系的。例如，人口增长和城市人口密度影响用水需求，而用水又会影响废水的产生以及废水运输和处理中产生的能量消耗。城市的规划设计影响了城市雨水的生成和流量，进而对洪水的风险和水质产生影响。绿地和开放水面可以降低极端高温发生的可能，虽然可能需要使用更多的水，但同时减少了制冷设备造成的能量消耗。还有其他直接或间接的联系，其中一部分将在本章进一步讨论。

　　"城市新陈代谢"是一个形象的比喻，将城市视为一个系统集合，而不是一个有机体（图 6.2）[4]。资源输入，比如水资源，通过相互关联的一连串城市系统和过程转换成为一系列有利于人类福祉和宜居性产品的产出，并且在这个过程中，会产生影响当地和周边地区自然环境的废水。通过提高资源利用效率，如重复利用或回收资源，可以使系统更高效，同时减少对环境的影响。资源可以从废弃物中回收，以减少新资源的输入。通过改变城市的城市体系和过程，比如我们的设计和管理水系统的方式，可以提高城市的"代谢效率"。

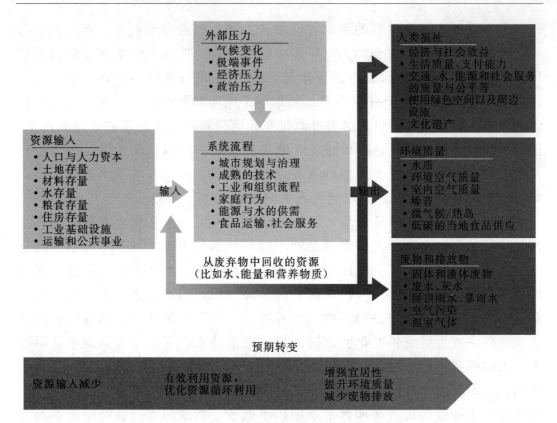

图6.2 从新陈代谢的角度看城市：消耗资源，生产产品，产生废物[5]

图6.3是一个提高城市用水效率潜力的示例。根据每个城市的室外用水量计算，最多有75%的供水会变成污水，污水处理后可以作为额外水源再利用。城市雨水作为一种额外的水资源，其资源量往往超过自来水用水量，但

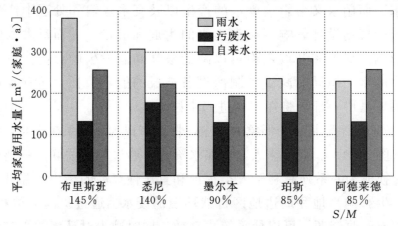

图6.3 澳大利亚五个最大城市家庭用水平衡图[6]

（注：自来水大多成为污水排放，雨水资源浪费量超过自来水水量。S/M是指雨水量
与自来水供水量的百分比）

是除珀斯外，其他城市的雨水收集量还不到3％。珀斯回收了80％的雨水用于农业灌溉和补给地下含水层。而在不久之前，珀斯的家庭用水都是可直接饮用的，多达一半以上用于浇灌花园，只有不到1/3用于厨房或浴室。

本章将探讨城市水管理如何应对水资源可持续性的挑战。第7章更详细地探讨了澳大利亚城市选择如何增加供水来应对城市日益增长的用水需求。

6.2 管理需求

城市生活用水量占城市总用水量的70％～80％，因此从历史来看，城市用水量的增长与人口增长趋于一致。然而，自20世纪90年代初以来，由于家庭和工业用水效率的提高、水价的上涨以及城市规划的改变（如增加多单元的住房和更小规模的家庭住宅），大多数城市人均用水量下降。图6.4显示了这一趋势在悉尼的影响，尽管人口增加了120万，现在的总用水量却与20世纪70年代初相当。

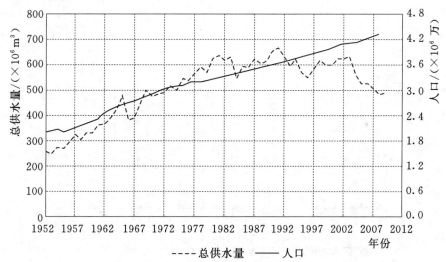

图 6.4 悉尼供水量的变化趋势

（注：用水量通常随人口增长而增长，但1992年开始，随着人均用水量的减少使得同样的
总供水量可以供给更多的人口）[7]

消费者需要的水无法定量：除了饮用、烹饪、洗澡外，他们需要的是水提供的服务，比如干净的衣服、美丽的风景或是对废弃物的清除。我们可以通过更好的系统设计、技术效率的提高或用水行为的改变来减少提供这些服务带来的水量消耗。

水资源的高效利用缓解了增加高投资工程的需求，例如修建新的水坝或海水淡化厂。减少人均用水量总是比取用更多的水更加经济。对水资源需求的管理同时可以减少人均废水量，使得现有的污水系统的处理能力可以满足人口增长的需要。

减少需水量的策略包括采用节水效率更高的器具，例如淋浴喷头、洗碗机和洗衣机等。通过使用耐旱物种、更有效的灌溉系统和园林灌溉的教育培训来提高绿化用水的用水效率。在许多方面，可以用雨水或循环水来代替饮用水。通过泄漏控制和水压管理系统减少输水损失，在提供相同的服务同时减少了用水量，提高供水系统的效率。

澳大利亚的一个著名案例是，在过去十年中，悉尼通过持续的需求管理和水回收策略，实现了每年节约 $8.5×10^7 \mathrm{m}^3$ 的饮用水（图 6.5）。这相当于最近建造的悉尼海水淡化厂的年供水量，或悉尼年供应水量的 15%[8]。

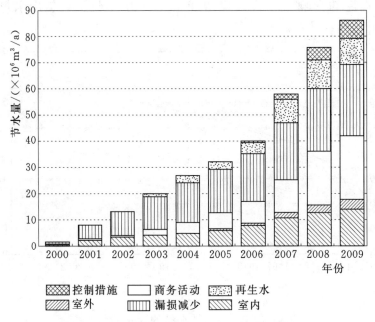

图 6.5 悉尼 2000—2009 年节水量

[注：悉尼的节水措施，已经节约了相当于总供应量的 15%（源自悉尼水务公司 2010）]

在南方千禧年干旱中，由于供水减少，实行了限制措施以减少生活用水。最明显的是在昆士兰州东南部，因为供水水库存储量低于 20%，人均生活用水量从每人每天 300L 降至 130L。从以往来看，限制用水一直是应对干旱的有效临时措施。千禧年干旱中，长期的用水限制影响了某些服务行业，例如公园景观的质量，以及对园林和园艺行业的不利影响。相关限制方案的实施可激励社区节水行动，如低耗水器具的使用、雨水收集利用、优化花园用水设计。即使取消了限制措施，取用水量也只是略有增加[9]，这表明用水行为可能永久改变，用水水平将不会再回复到限制用水之前的水平。

房屋的设计和人口密度将影响居民生活用水，特别是室外用水。在澳大利亚的一些城市，房屋后院的灌溉用水量几乎占家庭用水总量的一半。最近在墨尔本的一项研究发现，与传统的低密度的城市扩张相比，到 2045 年，如果城市采用更加紧凑的房屋设计，居民用水量每年可以减少 $1\times10^8\,\mathrm{m}^3$[10]。较高的房屋密度可以减少运输和能源成本，因此是大多数城市规划的一个方向。

关于将水价用作调节需求的机制，已经有相当大的争论[11,12]。许多公用事业公司收取的水费高于供应的成本，但随着水资源的短缺，价格不会随时间而变化。在干旱期间，国内消费品价格可能会增加，以作为限制水资源的替代品[13]。如果需求对价格敏感，那么这种做法是有效的，但目前存在相互矛盾的证据。当只有一小部分成本（水价）变化时，需要更加有效的价格信号，比如拖欠了 3 个月的费用，以及在多单元公寓中平均分摊成本时，缺少有效的价格信号。

一个城市的有效消耗水不仅包括直接供水，还包括农村为城市居民生产食品、纤维以及为城市发电的消耗。事实上，灌溉农业产品主要在城市消费的事实往往因为城乡两级的严重分化而被忽视。例如，墨尔本用于生产食物，纤维和电力的水量大约是城市居民和企业直接用水量的 4 倍，并且增长比直接用水要快（图 6.6）。用水的另一个重要部分是生产出口，这些出口可以抵消所有澳大利亚人大部分消费的进口。

节水淋浴头（摄影：澳大利亚联邦科学与工业研究组织）

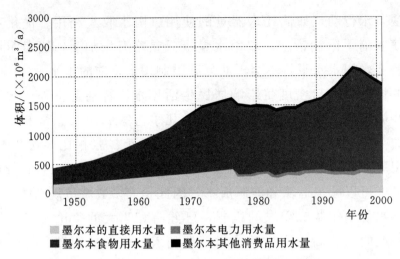

图 6.6 1950—2000 年墨尔本年用水量

（注：墨尔本总的有效耗水量不仅包括直接向城市的供水，也包括电力、
食品等其他城市消费品的生产用水）

6.3 水与能源

供水和废污水的处理需要大量的能源，而当前主要的能源生产也需要大量的水。如何同时抉择城市的设计、水和能源的使用以及水和能源的来源等将会影响城市未来的可持续性。

近期海水淡化和水资源回收利用的工作重点放在了供水能源使用上。2007年供水的直接能源使用约占城市能源使用总量的 0.2%（约为 7×10^{15} J/a）[14]。相比之下，住宅热水供暖使用能源年均比例为 46×10^{15} J/a，接近用于供水的能源量的 7 倍[14]。越来越多的能源用于商业和工业，主要用于供暖和运输[15]。

2006—2007 年度（海水淡化和大规模再利用之前的一年），用水部门的能源消耗明细表表明，由于地形或系统配置的差异，主要城市的能源使用量有较大的差异（图 6.7）。图 6.7 清楚地显示了抽水相关的能量损失，悉尼和阿德莱德都通过大量的长距离输水来维持干旱期间水资源供应。每 $1m^3$ 的水就有 1t 重。近距离供水具有明显的能源效益。

不幸的是，未来水的供应可能会使用更多的能源。直到最近，澳大利亚大部分沿海城市仍然是由内陆水坝通过重力供水。未来水资源的供应将不得不依靠集水区的管道供给，或者是跨区域的水网系统，或需要海水淡化和废水回收利用，所有这些都将使用更多的能源。预计到 2030 年人口较现在将增

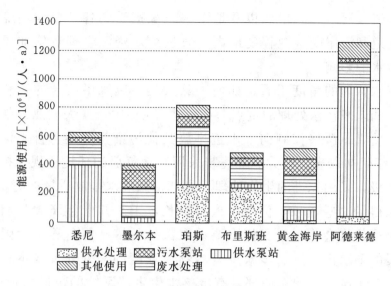

图 6.7　城市供水和废水处理的能源消耗量[14]

（注：2006—2007 年间，供水和废水处理的能源使用存在着显著不同，
这主要取决于其供水的类型、位置以及污水处理厂的位置）

长 25％，用水部门的能源使用量将增加到 2006—2007 年水平的两倍[14]。即使采用分散供应的方式，如雨水罐、雨水收集和当地的废水回收，如果设计或者维护不当也可能比现在能源密集型供水消耗更多的能源。

在家庭、商业和工业中的热水供应是与水有关的最大能源消耗，并且我们有机会减少这种消耗。水的加热占所有住宅能源使用量的 25％ 左右[16]，但我们可以通过节水器具和更高效的热水器实现能源使用的减半[14]。在工业中蒸汽和热水损失的减少可以更大地减少能源消耗，制造业中的减少泵送和冷却有着显著的节能效果。

由于环境和经济原因，国际上正在努力减少用水造成的温室气体排放。持续增长的能源使用与上涨的能源成本为用水部门降低能源消耗提供了强大的商业动力。澳大利亚公共事业中心为最大限度地减少能源消耗采取了一系列措施，包括优化系统运营、在管网中安装微型水电系统产生可再生能源、在污水处理过程中回收沼气、通过树木农场和林地来固定碳、或购买可再生能源抵消碳排放[17]。

6.4　减少废水和雨水的影响

随着城市的发展，需要处理的废弃物和雨水径流也随之增长。靠近城镇的大多数河流、河口、海岸线以及地下水系统遭受到各种各样环境污染的影响。其中航道和海岸受重视程度最高，通过给水资源管理者施加压力，以减少雨水和污水的影响。

从污废水管理的角度来看，如何去除人类污废水中所含的磷和氮等营养物质是当前和未来污水处理的重点。在过去20年中，澳大利亚加强对工商业污染源头的监管，严格控制向下水道排放其他污染物以避免排水沟污染。自20世纪90年代初以来，澳大利亚逐步采用基于负荷的环境法规，推进了污水处理厂的升级，采用先进的生物处理工艺，将循环水排放质量提高。

尽管取得了这些成果，但由于人口增长，未来几十年澳大利亚的污水总量和营养负荷仍将会增加。我们需要采取额外的措施将营养负荷限制在环境可持续发展的要求内。进一步减少营养物质浓度的额外处理成本相对昂贵且耗能密集，对于昆士兰州东南部具有敏感水生生态系统的快速增长地区而言，这是一项重大问题。图6.8显示，未来几十年，莫顿湾的磷、氮和沉积物负荷的预期增长主要来自废污水等点源排放和雨水径流等面源的城市资源排放。

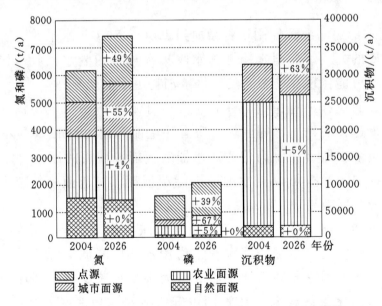

图6.8　2004年和2026年氮、磷和污泥产生量[18]

(注：预计未来二十年，莫顿湾的氮、磷和污泥量将有所增加，城市将是氮污染的主要来源)

雨水径流带来的面源污染物扩散是城市面临的重大问题。雨水中通常携带有垃圾、沉积物、植被、养分、化工品、农药、金属和细菌。雨水也会被污水的溢流和动物粪便而污染。城市化进程的发展增加了雨水径流量和流速，这进一步增加了径流携带的污染物，直接影响到接收水体和河岸植被。

越来越多的城市采用节水型城市设计，这种设计可以最大程度的减少城市化带来的影响，提高城市的宜居能力。这种设计理念使我们认识到应结合水资源设计建筑、景观和公共基础设施功能，改善局部气候，收集和存储可用于循环利用的雨水，改善水道的水质，并保护当地的生物多样性。

这种设计理念的例子包括使用池塘收集和存储雨水、补给含水层、人工湿地、生物过滤床、下凹式绿地、透水铺装和透水道路以及公共场所更多的滨水景观。

6.5　资源回收

将城市污废水回收处理和循环使用是减少其外排的一种有效方式。处理后的污废水可作为城市循环利用水源，也可作食物和纤维生长所需的氮、磷物质的重要来源，还可以减少处理污废水所需能源的温室气体排放。实际上，一些城市污废水输入和输出作为城市新陈代谢一部分，从而使其更加高效和可持续。

随着全球人口增长，粮食和纤维产品的增加进一步增强了对化肥的需求。过去 40 年里，澳大利亚的化肥使用量增加了 7 倍[19]。所有的磷肥都来自磷矿石，据估测，高质量的磷矿石将在下个世纪枯竭，较低等级的矿石将作为替代品被使用。这会造成生产化肥所需的原材料和能源的成本提高，并且还会带来其他问题，例如重金属的潜在污染[20]。而另一个磷的来源就是从废水中回收处理得到。

类似的，氮肥的生产是一个非常耗能的过程，然后在废水处理中氮的移除也需要消耗较高的能源。污水处理的三级流程可产生并向大气中排放 N_2O，一种非常强力的温室气体。同样，从废水中回收氮有许多好处，可以作为一种替代的氮肥来源。

人类排泄物贡献了生活污水中约 80% 的氮磷。全世界人类每年排放约 2500 万 t 氮和约 440 万 t 磷，这相当于全球氮肥总产量的 17% 左右，磷肥总产量的 22%。农业废弃物中氮和磷的含量是相当大的，因此将其营养物质回收利用将会占据全球化肥总需求的很大一部分，这有助于粮食生产的可持续发展。

城市居民将许多的营养成分集中排放进城市污废水中，所以污水处理厂是城市资源回收的一个理想场所。最近一个从废水中的营养物质回收生产鸟粪石（一种镁，铵和磷酸盐缓释剂的矿物）的技术创新凸显了这一潜力[21]。

该技术成功地应用于加拿大和美国的污水处理厂的商业活动中。氨的真空汽提是一种新技术，对氨回收过程模拟的研究表明，与目前先进的生物处理工艺相比，温室气体排放量减少了 25％～48％[22]。

表 6.1 根据 2008 年这些资源的价格，列出了墨尔本污水中甲烷，氨和磷的潜在价值。甲烷可以用作能源，使处理厂成为净能源。污水中所含的价值将是资源价值的许多倍。我们面临的挑战是如何开发和采用技术，以经济高效的方式实现这一价值，同时保护环境免受污染。

表 6.1　　　　墨尔本污废水中估算甲烷、氨和磷的含量和价值[23]

项　目	年含量/t	价值/(万澳元/a)
甲烷	93200	3000
氨	22500	2250
磷	3660	1200

墨尔本中央商务区的雅拉河和城市公园
（摄影：Robert Kerton，澳大利亚联邦
科学与工业研究组织出版社）

生活雨水池（摄影：澳大利亚联邦
科学与工业研究组织出版社）

挖掘资源回收潜力是实现黑水（粪便污水）分流的另一个方法。当前污废水包括了黑水和灰水。然而，黑水约占住宅污水排放量的 20％，但却含有大约 90％的氮排放和 60％的磷排放[24]。黑水分流将污水中含有的富营养物质和碳再单独流动，实现专门的能源和营养循环利用。剩余的废水中富营养物质将显著降低，大大减少了用于除氮的三级处理工艺的需要，从而减少能源使用，并使得废水变得可以更简单、安全地循环利用（图 6.9）。

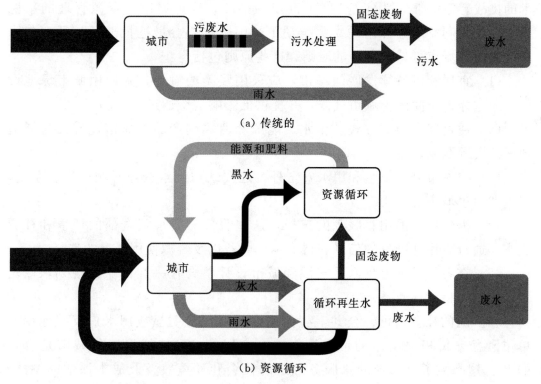

(a) 传统的

(b) 资源循环

图 6.9 传统的城市污废水系统与冲厕水分流下资源回收及污水处理系统

在新开发的地区中黑水分离更容易实施，随着时间的推移，污废水基础设施和住房的更新，城市的建成区也将过渡到这样一个系统。这种系统转型将会需要一个复杂的经济学支撑，我们应该全面的考虑其消耗和产出价值，而不仅仅考虑污废水处理的成本。黑水分流需要额外的污水收集管道（可能在现有的污水管道内），以及污水回收处理工程，这都是重大的投资。这些需要的经济投入可以由化肥和水资源重复利用产生的新效益抵消，通过利用循环水，污水处理厂处理能力的需求降低，同时较少污染物的排放。

6.6 向可持续发展的城市供水系统的过渡

当前，我们拥有先进的技术和经济能力，使我们几乎能够从任何水源、污废水或雨水中制造清洁的饮用水或满足其他用途的用水。随着技术不断发展，我们将能够更加有效地实现废水的资源回收，提供水质和水量的实时管理，并实现环境、公共卫生和服务质量结果等一系列对水资源系统的优化。

全球范围内，水资源管理者正面临着如何利用及推广可持续的水系统技术的挑战。第一步，为了应对 21 世纪的挑战，确定城市水资源管理的新愿景。在澳大利亚水务部门的大力推动下，国际水协会最近批准了一系列与水相关的阐释城市可持续发展的原则。这些原则包括[3]：

（1）宜居和可持续发展的城市，应采用紧凑的设计，并使用城市绿地设计，通过绿地空间改善城市气候，并提供低影响的交通走廊。

（2）通过碳平衡的方式产生水、能源和营养副产品的城市，辨识与周边地区的资源联系。

（3）除城市公共卫生和用水安全外，还要认识到水资源对城市生态系统，河道和绿色城市的作用。

（4）提供更多的用水服务的选择，这些服务需要承担全部的环境和社会成本。通过有用和准确的信息获得成本、收益以及资源使用情况的选择。

（5）在各种尺度上将水、能源和城市设计整合在一起的城市规划，以增强城市的可持续性收益。

在广泛的社会认可、公共卫生健康和环境优势明显或用水户及其他用水单位愿意支付相关费用的情况下，扩大宜居的、可持续发展的城市是合适的[12]。这凸显了可选择的水服务方式的社会和环境效益及成本评估的挑战。尽管最近政府直接资助了一些大型水利工程，但澳大利亚的主要城市已经按照直接资本和运营成本完成了定价[12]。一般来说，这些水价包含的间接成本只是将外部性效益纳入水价。

由于城市系统日益的分散，从传统用水方式到供水、废水与雨水系统整合利用模式的转变往往需要基层社区更多的参与。最近的研究成果显示，基层社区的参与和教育有较明显的优势，以便确定节水型系统的管理权和所有权，帮助节水型地区对非饮用水水源的设计和不当使用的理解。比如在图翁巴，由于缺乏基层民众的理解，一些水循环利用项目无法实施。

6.7 结语

在过去的一百年里，水务部门的职能范围从供水扩大到废水、排水和水污染控制等方向。同时，水务部门展开能源回收，收集污泥中的营养成分，并实施节水型城市规划等工作。气候变化、供水量减少、用水成本的提高，正如维持河道健康和持续上升的污水处理成本对污水处理服务带来的压力一样，也对供水服务带来了更大的压力。可以预见到，水价将大幅上涨，但也许只有充分考虑到从水资源获得的全部价值，行业才能向着可持续发展的方向转变。

延伸阅读

（1）Kenway SJ，Priestley A，Cook S，Seo S，Inman M，Gregory A and Hall M（2008）Energy use in the provision and consumption of urban water in Australia and New Zealand. CSIRO Water for a Healthy Country Flagship，Canberra，< http：// www. clw. csiro. au/publications/waterforahealthycountry/2008/wfhc-urban-water-ener-gy. pdf>.

（2）National Water Commission（2011）Urban water in Australia：future directions. NWC，Canberra.

（3）Prime Minister's Science，Engineering and Innovation Council（2010）'Water for our cities：building resilience in a climate of uncertainty'. PMSEIC，Canberra，<http：//www. chiefscientist. gov. au/wp-content/uploads/20070622-Water-for-our-cities. pdf>.

（4）Productivity Commission（2011）Australia's urban water sector. Draft report. Productivity Commission，Canberra.

（5）Water Services Association of Australia（2006）WSAA Position Paper No. 2，refilling the glass：exploring the issues surrounding water recycling in Australia. WSAA，Melbourne，< https：//www. wsaa. asn. au/Publications/Documents/WSAAPositionPa-per2％20Refilling％20the％20Glass pdf>.

第7章

未 来 城 市 供 水

Stewart Burn

本 章 摘 要

(1) 到 2050 年，澳大利亚最大的城市的需水量将在目前年供水量 15.05 亿 m³ 的基础上，再增加 11.5 亿 m³（73％）。此外，由于气候变化，水的供应能力可能会降低，因此可能需要更多额外的水。

(2) 海水淡化是迄今为止最常用的技术，它每年可以提供 4.84 亿～6.74 亿 m³ 额外水量。在改进海水淡化的效率和成本上仍有很大的改善潜力。

(3) 其他潜在水源包括像雨水收集池、收集和再利用雨水，以及间接饮用水的循环利用——这些方式都有其自身的优缺点。

(4) 从前，探索新的供水方案主要其强调经济与技术层面的考虑，然而现在，社会可接受性、环境成本和收益也被列为考虑的因素。针对每个城市不同的情况，每个城市新的供水方案都不尽相同。

7.1 增加城市供水的必要性

正如在前面章节中所述，50 年内，澳大利亚的城市人口将增加 1000 万～2000 万人。到 2056 年，人口的增长将产生额外 11.5 亿 m³（73％）的用水需求（图 7.1）[1]。在过去，人们修建大型水坝以满足对水日益增长的需求，但现在有了一些其他的方式，如海水淡化厂、再生水、雨水集蓄设施和雨水收集罐等。本章探讨了这些方式的优点和前景。

对水日益增长的需求直到最近通过减少人均用水量后才得到缓解（第 6 章）。在 2001—2002 年，每个主要城市的用水量已经接近或超过地表或地下水资源中可保证的供应量（图 7.2），澳大利亚南部千禧年干旱显示出了目前给水方式的脆弱性。增加供水变得至关重要，大多数州建立了海水淡化厂（表 7.1）[2]。海水淡化的优点是不依赖于流域径流变化和地下水的补给，在干旱年份这是一个重要的考虑。

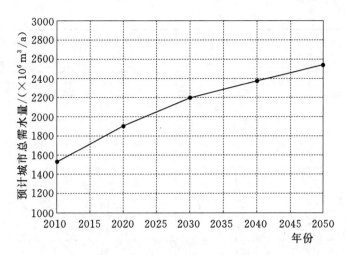

图 7.1　人口增长下澳大利亚的主要城市的预计总需水量[1]（堪培拉、
珀斯、阿德莱德、悉尼、昆士兰东南部和墨尔本需水的总和）

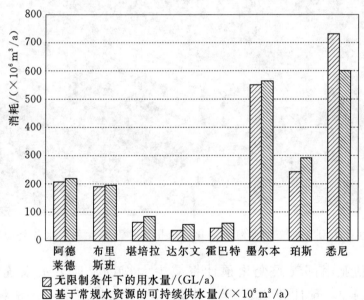

☑ 无限制条件下的用水量/(GL/a)
▨ 基于常规水资源的可持续供水量/(×10⁶ m³/a)

图 7.2　澳大利亚主要城市 2001—2002 年无限制条件下的用水量和
基于传统的地表和地下水资源可持续供水量比较[2]

（注：用水增长达到了可持续供水量的极限值）

表 7.1　澳大利亚主要城市海水淡化能力已安装（含在建）与总设计能力[1]

城　市	当前能力 /(×10⁶ m³)	最大设计能力 /(×10⁶ m³)	2008—2009 年耗水量与 最大设计能力的比值
阿德莱德	100	100	73%

续表

城　市	当前能力 /($\times 10^6 m^3$)	最大设计能力 /($\times 10^6 m^3$)	2008—2009 年耗水量与 最大设计能力的比值
布里斯班	49	49	22
堪培拉	0	0	0
达尔文	0	0	0
霍巴特	0	0	0
墨尔本	150	200	42
珀斯	95	145	38
悉尼	90	180	18
合计	484	674	

西澳大利亚的奎纳那海水淡化厂（摄影：西澳大利亚水务公司）

在澳大利亚南部气候变化预计将减少大坝以及地下水系统的长期收益（第 2 章）。例如，预计到 2020 年，墨尔本的城市地表水入流量将减少 10%，到 2050 年将减少 20%。由于城市使用约 30%～40% 的居民生活用水用来灌溉家庭花园和公园，因此气候的变暖以及降雨量的减少也会增加城市对水的需求。当天气温暖干燥时往往会使用更多的水（例如被用在蒸发冷却和游泳池）。基于对墨尔本[3] 和悉尼[4] 的研究，由于气候变化，城市的需水量将在 2020 年增加 1%，2050 年增加 5%。与预期的地表水径流量减少相比，这是一个幅度的增长，但需求的增长和供应的减少同时作用，将产生一个不断扩大的用水缺口，这就需要增加新的水源供应。

最近国家对 4.84 亿 m^3 海水淡化能力设施的投资（远期可扩建至 6.74 亿 m^3）将在满足大部分城市的用水需求直到 2026 年左右（表 7.2）。2026 年以后，在一些城市需要新的水资源供应方式，这期间有 15 年的机会去寻求新的解决方案。对于内陆城市和城镇来说，海水淡化是不可行的，包括购买灌溉权在内的其他选项是有必要的。堪培拉目前正在增加雨水收集的规模以及扩建大坝来增加供水量。

表 7.2　2026 年澳大利亚主要城市预计可利用水量（用 $10^6 m^3/a$ 表示）[5-9]

城市	现状供水量	2026 年受气候变化影响下供水量	海水淡化能力	总供水能力（2026 年）	2009 年城市用水量	预测 2026 年用水量	预测 2026 年盈余（赤字）
阿德莱德	216	194	100	294	138	176	118
布里斯班	476	428	49	477	223	499	−22
堪培拉	104	80	0	80	46	75	5
达尔文	42	38	0	38	37	55	−17
霍巴特	803	723	0	723	40	40	683
墨尔本	555	500	150	650	360	516	134
珀斯	256	230	95	325	250	285	38
悉尼	603	543	90	633	492	619	14

7.2　海水淡化

澳大利亚的海水淡化历史悠久。最初是为了在海上，或从干旱地区含盐地下水里以及偏远地区获得饮用水（图 7.3）。早期应用的海水淡化技术都是通过小规模工厂展开实施。现在澳大利亚的六大沿海城市都有建成或在建的海水淡化厂，以确保可靠的供水（图 7.3）。这些工厂都使用反渗透技术，是因为在长期的使用过程中已经证实，对比其他的技术，反渗透消耗更少的能源与成本。

反渗透作用（图 7.4）指的是通过在半透膜的输入端对水施加压力，利用一种薄膜来从海水中过滤和移除盐离子、大分子物质、细菌和致病病原体的过程。盐分被保留在了受压的一测，剩下的纯净水则穿到了另一侧。

反渗透作用也有一些缺点。尽管盐不能透过薄膜，它却可以让杀虫剂和除草剂等化学物质通过，因此如果需要饮用水的话它还需要有一个纯净的水

图 7.3　澳大利亚海水淡化设施的位置和规模[10]

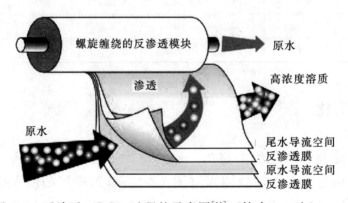

图 7.4　反渗透（RO）过程的示意图[11]（摘自 nanoh2o.com）

源。反渗透作用移除了所有的天然盐分，得到的是缺乏钙离子以及其他人体
必需矿物质的纯水，因此我们最好把这些元素加入水中后再饮用。

　　相对来说反渗透的效率并不算高——所有输入水必须通过化学预处理和
渗透，然而大部分输入水都以浓缩盐水的形式流返回海洋。在珀斯的工厂中，
这种排放的盐水占输入水量的 $60\%\sim65\%$。反渗透还使用大量的电力来对输
入的水增压（例如，在较高效率的珀斯工厂使用的电力相当于 27000 户家庭
的用电）。

可以预期的是，将反渗透用于城市和工业用水淡化的现有趋势仍将继续。现在正在研究一种更高效、更节能的方法。一系列新技术通过诸如对水的预处理、减少膜的污染、提高进水量、排除污染物和降低系统运行的压力等方式来提高运行效率。

对于全世界至少一半的海水淡化工厂来说，通过预处理来预防膜结垢至关重要。进水中存在的无机盐、胶体、颗粒物质、有机化合物和微生物会降低膜效率和使用寿命。其中最主要的预处理过程是凝结。然而，凝结过程只能清除一部分污染物，并且可能产生小絮凝物渗透并堵塞薄膜孔。根据水源按配方制造新的凝聚剂旨在高效提高絮物大小，捕捉更多污染物，减少膜污染，并且膜也更容易清洗[12]。此外，还开发了一些用糖处理膜表面的技术，这使得膜具有优异的防结垢性能。

一些新兴技术在提高反渗透率上有很大的潜力，例如聚合物膜（图 7.5），但其中一些技术可能要几十年后才能成熟到广泛应用。这些技术也可以应用于水回收和工业废水处理，以实现水的再利用。

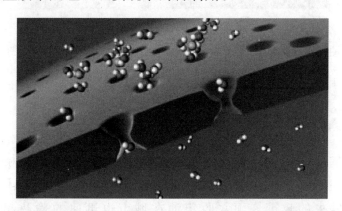

图 7.5　一种新的聚合物膜示意图（微观上的小沙漏孔使得水分子
能够通过膜而大的盐离子和其他分子无法通过，该聚合物
模拟在自然界中发现的微孔的形状）

碳纳米技术可能被用于生成有效的膜微管群。据称这些管提供了一个几乎没有摩擦的水流环境，同时能保留盐分。他们在降低膜结垢方面也有潜力，能简单的实现膜再生。相对于正在被用来进行海水淡化的传统材料的表现，碳纳米膜的渗透性更高[13,14]。

膜蒸馏（图 7.6）是一个使用低质热源的热过程，使水蒸气通过特制的膜，并在剩余的液体中留下污染物。膜蒸馏在大气压下发挥作用并且可回收高达 80％的淡水，而反渗透为 40％。目前的局限性是流速低以及膜结垢[15]。

此外，通过渗透和蒸发的组合可以让水在一侧通过聚合物膜，而在膜的另一侧蒸发，从而提供压力差以保持流动。这种技术有非常大的潜力，但目前受到低流率的限制[16,17]。电渗析是用低压直流电加工来去除微咸水中的盐分，它在处理高盐废水时有不错的潜力。它不能有效地清除病原体，但生产的水被认为适合灌溉，生产运营成本 0.1 澳元/m³，这大大低于饮用水供应价格。

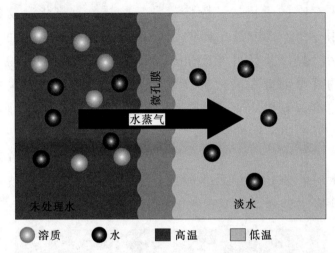

图 7.6　膜蒸馏过程中，水蒸气从高温膜到低温膜示意图

7.3　雨水收集池

越来越多的城市家庭采用雨水收集池，将收集的雨水作为一种水源。根据传统雨水收集池一般用于没有供水管网供应的农村地区，但是为响应政府减少集中供水需求的政策，雨水收集池在城市也迅速的普及起来（图 7.7）。从 1994—2010 年，主要城市使用雨水收集池的家庭数量已增长逾一倍，从 407000 户增加到 1030000 户[18,19]。城市雨水收集池主要用于花园灌溉和冲厕，这是家庭用水的一大部分，收集和利用雨水减轻了雨水径流峰值，减少营养物质排放到河流和河口。在一些城市饮用水是不允许使用雨水供应的，因为它未经处理，可能会被金属、有机质和微生物污染。

城市雨水收集池的数量预计将持续增加，因为大多数辖区新建筑要求强制安装具有节水功能的设备。雨水收集池是满足这种需求的一种方式（如南澳大利亚发展条例要求所有新建的房屋单元需有额外的水源作为自来水的补充）。

作为一种新型供水水源，雨水收集装置的效果取决于它们减少的集中供

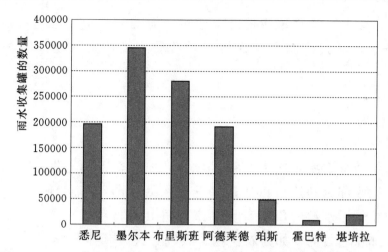

图 7.7　2010 年澳大利亚悉尼主要城市的城市雨水收集装置数量[18]

水量和使用的能量。从昆士兰东南部水费账单数据显示，雨水收集装置平均可节水 $30m^3/$（户·a）（约占家庭用水的 $1/10$），通过计算，雨水收集装置最多可节省 $46m^3/$（户·a）的用水量[20]。节水量主要取决于家庭用水方式、雨水收集系统的设计和季节性降雨情况。

　　使用雨水收集装置通常需要使用水泵，因此我们对其能量效率产生了质疑。据报告，能量在使用消耗上有很大的差异性（每 $1m^3$ 的水从 $0.6\sim11.6kW\cdot h$ 不等）并且这个过程可能超过产生每 $1m^3$ 海水淡化水所使用的能量（图 7.8）。造成差异的原因是因为使用了不同类型的水泵及配件，我们可

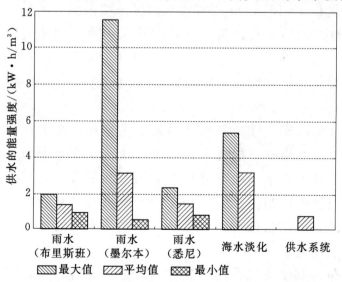

图 7.8　雨水收集装置使用的能量，与海水淡化和水库供水对比图
（澳大利亚联邦科学与工业研究组织数据）

以通过更好的设计和操作减少能耗。改进能源与用水上的潜力可以为我们提供专业服务、自动化控制系统支持以及改善、维护雨水收集装置性能提供依据。

7.4 再生水

水在通常情况下用一次就会被排放掉，但现在人们正做出重大的努力来回收废水。回收和再利用可以通过降低废水处理的经济和环境成本、并提供一个代替集中饮用水源的供应替代品来促进其可持续性。大多是致力于将回用的水用作非饮用目的，如为农作物、牧场、公园和体育场灌水等。到20世纪90年代中期，再生水被用来为工业供水和工业流程冷却，新南威尔士州和维多利亚州新住宅开发通过第三种管道系统（再生水管道系统）用于室外用水与冲厕。

最近的城市水资源短缺可能间接增加了间接饮用水回用的前景，当城市的污水处理水平可以达到饮用水标准，处理的水被储存在一个建成的水库之后抽取用水。在这一过程中一个国际的例子是新加坡，每日总用水量中大约2.5%是再生水[21]，在美国奥兰治县也是这样[22]。这两种情况都非常重视公众对该计划的认识和教育，包括开发教育程序。基于包括存储处理水的维文霍大坝在内七座屏障系统（图7.9），昆士兰政府通过了西部走廊方案，该系统可以提供多达$6.6 \times 10^7 \mathrm{m}^3/\mathrm{a}$的再生水到昆士兰东南部的供水系统中。几十年来间接饮用水的回用一直在澳大利亚的几条河流上悄然进行着。堪培拉的废水经过处理后排放进马兰比吉河中，然而下游的城镇如沃加沃加、利顿、格里菲斯和阿德莱德，就像几乎所有欧洲河流城市一样，仍提取和处理河水作为饮用水。

使用回收废水的安全性与必然性引发了大量的社会关注，而关注的焦点集中在潜在的有害污染物可能进入饮用水系统，这或者因为处理系统在操作过程中的故障，或者由于一些不可预测的污染物引起，这其中尤其应关注对工业和医院污染物的控制。布里斯班西部走廊方案是在应对一次即将到来的水危机时建造的，但现在维文霍大坝已经蓄满了水，其中的水仅用于冷却发电站和其他工业用途。

回用系统包含双膜系统在内的先进的水处理系统，将微观或者反渗透超滤相结合。在许多情况下，高级氧化反应要使用紫外线消毒，确保最大程序（接近完全）删除生物和化学污染物的痕迹，这种技术被视为一种额外的处

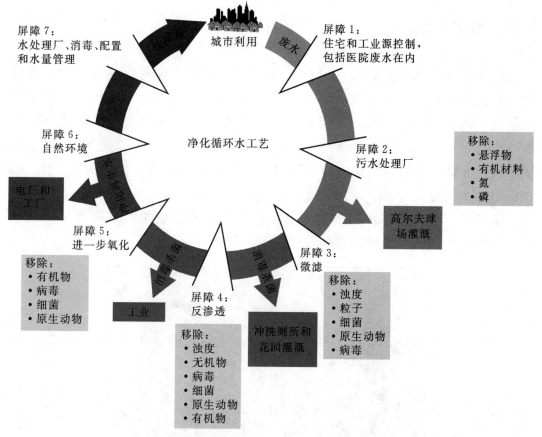

图 7.9　布里斯班间接饮用水回用处理系统的七个屏障[23]

理，排除了高达 99.99％的病原体，实际上几乎所有的有机化合物都被移除[24-26]。微量化学物质在浓度上低于澳大利亚饮用水指南规定的数十倍甚至上百倍[23,24,27]。

尽管污水处理厂的处理技术已经非常先进，但监管机构要求饮用水回用仍应以一种间接方式，通过使用某种介于污水处理厂和供水厂之间的天然水库来实现。例如，西澳大利亚州政府计划使用含水层来存储。这些天然水库也可以消减一些病原体或有机化学物质，并通过稀释与延长存储时间得到一个额外的缓冲。如果当系统故障导致污染物通过污水处理厂排出，这就允许运营商和监管机构有时间来进行处理。这时，就需要快速检测技术立即确定污水处理设施是否失效，以确保处理厂运行的效率。应该承认的是，病原体和化学物质可能会通过集水区进入水库或含水层。尽管有许多饮用水回用的安全措施，但它的社会阻力依然很强，并且即使在强大的咨询和教育下这种看法也可能不会动摇。

7.5　雨水集蓄

雨水是一种巨大的资源，可以从城市径流中收集雨水以代替供水，并降低处理成本和环境所产生的影响[28]。许多市政委员会收集雨水作为非饮用水来使用。例如，阿德莱德新的雨水收集项目提出了将整体现状雨水收集能力从 $6 \times 10^6\,\mathrm{m}^3/\mathrm{a}$ 增加到 2013 年约 0.2 亿 m^3/a 和 2050 年时 0.6 亿 m^3/a[29]。在堪培拉，非饮用水可以由进入城市的湖泊和新水塘的雨水提供（图 7.10）。这些湖泊和水塘有提供 $3.3 \times 10^6\,\mathrm{m}^3/\mathrm{a}$ 水的潜力，这占了 2007—2008 年澳大利亚总消费的 7.6%[30]。在大多数主要城市，城市雨水收集的局限性集中在储存大量水的站网以及高额的水处理成本。

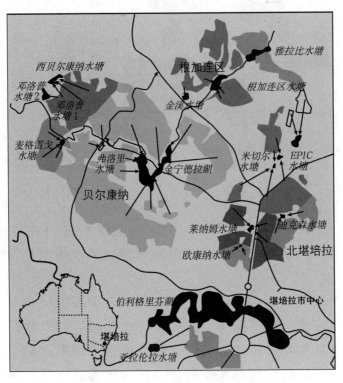

图 7.10　雨水收集系统现状及规划[30]

（注：在堪培拉北部郊区，湖泊和水塘雨水收集系统现状与规划，存储的水将用于周边的公园和花园）

城市雨水中含有污染物，这些污染物会威胁人类健康并且限制河流、海湾和海滩的娱乐用途。对人类健康风险最大的污染物包括重金属、碳氢化合物、有机化学物质和可能致病的微生物。用先进的污水处理系统处理雨水并不经济实用，因为雨水并不是集中汇入到管道中而是分散在城市各处。这就需要使用例如湿地或含水层等过滤的方法，已实现低成本高效益的处理。

如何储存收集到的雨水对于它的使用而言是一个很大的障碍。一般比较适合在城市湖泊和湿地中存储，阿德莱德首次倡导使用咸水含水层储水，现在已经在大多数州和地区实施。雨水回用、使用含水层储存的水后期被抽出（图 7.11），在有合适的含水层的地方应用越来越广泛。

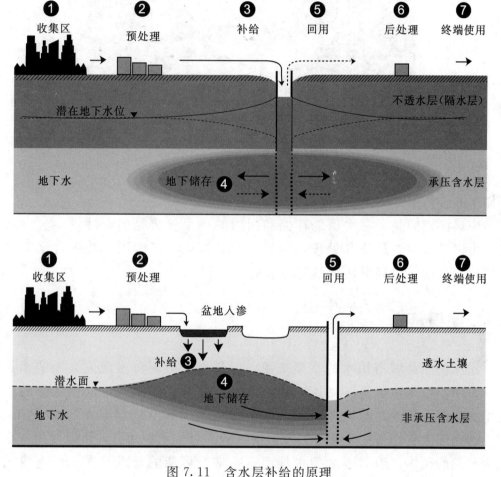

图 7.11　含水层补给的原理

（注：上图是承压含水层水的补给、传输和回用过程，下图是在非承压含水层利用土壤
含水层进行水处理的过程）

阿德莱德的莫森湖泊方案是一个用含水层储存和回用雨水的例子，它使用从玻利瓦尔污水处理厂的再生水，与城市收集到的雨水混合，然后注入含水层。在需要的时候，每年可以从含水层抽出 $8 \times 10^5 \, \text{m}^3$ 的水作为非饮用水回用到 4000 户家庭组成的供水管网中。在澳大利亚饮用雨水收集项目中，奥兰治县（新南威尔士州）的雨水收集规模是最大的，并且该市使用本地含水层

更换雨水管道图（摄影：Tracey Nicho lls，澳大利亚联邦科学
与工业研究组织）

来储水并进行额外的水处理。

应该注意的是，含水层的存储和回用的一个优势是当水缓慢穿过含水层
时，可以进行自然过滤和处理，但是人们必须充分了解雨水注入含水层中产
生的化学反应，以确保达到预期的水质。

7.6　减缓蒸发

水库仍然是城市用水的主要来源，但是水库会因蒸发流失大量的水。在
干旱时期，水库水位逐年持续下降，水库的蒸发损失和城市的供水量的水量
几乎一样多。例如，布里斯班的三个供水水库因蒸发每年损失 2.48 亿 m^3 的
水，这相当于它们每年 2.40 亿 m^3 的供水量。对小水坝而言，可以使用一系列
减缓蒸发的技术，但对于大型水坝而言，唯一可能的技术是在水面上使用一
个单分子层。单分子层是人工合成一个分子厚的长链醇膜（约 2/
1000000mm），用来抑制水面的蒸发。在小型实验中证实其可减少 10%～30%
的蒸发量，但新的聚合高分子有可能将蒸发的减少量加倍。由于节水的经费
有限、对水质潜在影响以及易被风吹散的特性，单层膜尚未应用于大型水库。
在单层膜可以应用于饮用水水库之前，需要充分了解并量化其对水生态和娱
乐用水的潜在影响，及其生物降解产物在水处理过程中潜在影响。对单层膜
的经济效益进行分析表明，它们提供额外水源的成本为每方水 0.28～0.68
澳元[31]。

7.7 选择最佳的方案

本章概述了一系列城市供水的新选择。除此之外，还包括对传统的大坝和地下水供水、需水管理措施的持续改进等。不同城市之间增加水供应的方式不尽相同，根据每个城市的情况，每个方式的成本、社会和环境的实用性都有非常大的差异。澳大利亚的每个主要城市也都要经受诸如人口增长、气候变异性和气候变化在供水方面持续增加的压力。

通过综合规划和风险评估可以为每一个城市确定最优供水方式组合[28]。这可能包括对未来所供水的可靠性的决策，通常用可接受的用水限制频率来表示。鉴于近期发生的前所未有的干旱和气候变化风险，应该使用一系列可能的未来气候条件进行风险评估，并识别风险、概率以及缓解风险的策略。其中的一些项目，如海水淡化厂，从规划到投产运行需要好几年的时间，同时也需要非常大的资本支出，因此，从经济的角度出发，不宜过早投建。

堪培拉郊区用于雨水收集与回用的湖泊（摄影：Grey Heath，
澳大利亚联邦科学与工业研究组织）

以前，在供水方案的选择中，重点考虑其经济性以及供水技术的合理性。现在，更多是考虑社会可接受程度和环境成本与效益等，例如多准则分析可以更广泛地指导决策。为了便于说明，图 7.12 给出了一些选项的简单示例，列出了除成本和技术可行性以外另外四个重要的考虑因素。这四个因素有着巨大的差异，每个城市可以依据各因素对城市的重要性的不同来选择不同的供水方案。

效果选项	气候适应性供应	减轻营养负荷	污水量减少	能源/温室气体排放
用水效率	●●●	○	●●	●●●
海水淡化	●●●	○	●●	●●●
大坝	●	●●	●●	●●
污水回用	●●	●	●●	●●
雨水收集	●●	●●	○	●

图 7.12　除供水成本外，对城市供水方案的简单评估，评级可能会受到环境成本和效益以及社会接受程度的影响

(注：实心圆代表有利，灰色圆代表不利，空心圆代表没有影响)

在澳大利亚各城市之间，不同的供水方案的可行性和成本差异很大。图 7.13 显示了不同的方式在城市间的输水成本。在成本上巨大差异的原因之一是长距离或在更高的海拔上抽水的成本相对较高。对污水处理厂再生水的输送来说，距离和海拔对其成本有很大的影响。在正常情况下，水泵抽水通常可以抵消跨流域调水的成本，然而在干旱条件下这个成本可能会至关重要，正如最近的维多利亚和昆士兰。如图 7.13 所示，通过减少集水区的森林来增加径流是最便宜的方案，但它却是最不可靠的。

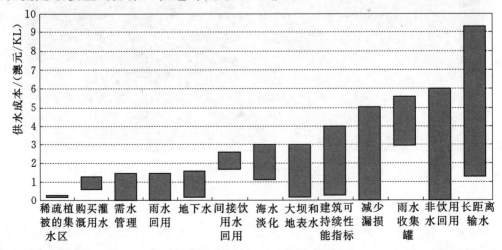

图 7.13　为悉尼、珀斯、阿德莱德和纽卡斯尔提供额外供水的成本（2006 年澳元计价）[32]

［注："BASIX"是指包括节水在内的建筑可持续性的改善（马斯登雅各布协会）］

　　雨水收集可能是一种最难评估的供水方式，因为雨水收集很大程度上取决于存储水的可用性。例如，只有在存在合适的高产水量和高水质含水层的情况下，才能应用含水层补水的办法。悉尼和墨尔本整个市区的含水层的变异性很大，墨尔本大部分含水层的日产水量低于 $400m^3$，只有在以市区西部的威勒比为中心的较低的第三纪含水层，日产水量可达到在 $1000\sim5000m^3$ 之间。雨水收集在城市新区建设中经济效益最高，因为可以在前期规划阶段就将其纳入考虑。对城市已建成区进行改造从经济角度来讲不太可行。城市现在正在将分散的本地雨水收集和雨水储存系统与现有的集中供水系统相结合。对不同的集中供水与分散供水的组合，其成本、风险因素和收益都需要得到充分评估。

　　在制定决策时，需要注意的是，主要供水基础设施的设计使用年限一般都为几十年，所以必须要考虑整个使用周期的成本。新的供水设施多是能源密集型，而且由于能源和温室气体排放的成本可能大幅上升，因此这些因素应被考虑在内。

延伸阅读

（1）Dillon P，Pavelic P，Page D，Beringen H and Ward J（2009）'Managed aquifer recharge：an introduction'. Waterlines Report Series No 13. Feb 2009. National Water Commission，Canberra，<http：//www. nwc. gov. au/resources/documents/waterlines _ MAR _ completeREPLACE. pdf>.

（2）Environment Protection and Heritage Council（2009）Australian Guidelines for Water Recycling. The Environment Protection and Heritage Council，Canberra，<http：// www. ephc. gov. au/ taxonomy/term/39>.

（3）Hoang M，Bolto B，Haskard C，Barron O，Gray S and Leslie G（2009）Desalination in Australia. CSIRO Water for a Healthy Country Flagship，Canberra，<http：// www. csiro. au/fles/fles/ppcz. pdf>.

（4）Water Services Association of Australia（2010）Implications of population growth in Australia on urban water resources. Occasional Paper No. 25，July 2010. WSAA，Melbourne.

第 8 章

灌　溉

Mac Kirby

本 章 摘 要

（1）灌溉农业具有高产和高收益率的特性，0.5%的农业用地产出50%的农业利润。

（2）澳大利亚60%的农产品都用于出口，且这种需求随着全球人口的增长和生活水平的提高而增加。

（3）在澳大利亚，2/3的灌溉都发生在墨累-达令流域，那里面临着气候变化、环境回用水以及日益开放的水市场的巨大挑战。

（4）塔斯马尼亚州正在开发新的灌区，这在澳大利亚北部和东海岸也有着广阔的前景。

（5）提升对灌溉农业的需求和减少的水供应将推动灌溉农业效率的提高。

（6）使用更节水的农作物、提高农业管理水平、精确用水、更有效的灌渠和河道管理措施可以提高灌溉效率。

8.1　引言

灌溉用水是澳大利亚和世界其他地区最大的用水量，约占总用水量的70%。在气候干燥多变的国家，通过河流或地下水灌溉的农田比仅依靠降雨作为水源的农田更多产。因此，在澳大利亚灌溉农业通常比旱地农业更加集约和利润更高。近年来，水资源管理者进行了大量改革，使水成为一种有价值且可交易的商品。随着全球和国内对食品和纤维的需求不断增长，澳大利亚未来的灌溉前景十分广阔，但也面临着一些挑战。

澳大利亚的灌区集中在墨累-达令流域，由于将来生态环境用水需求的回升以及气候变化、丛林大火和土地利用的变化导致的河道流量减少，那的可用水量也会随之减少。灌溉农业需要通过提高生产效率来应对这些挑战（正如千禧年干旱期间的某些工厂一样），并尽力提升用水效率。有的人呼吁在其他地方扩大灌区面积，比如在澳大利亚北部，但是这需要综合考虑除用水量外其他多方面的因素。这一章叙述了影响澳大利亚灌溉变化的主要驱动因素。

8.2　灌溉现状

澳大利亚的灌区主要分布在墨累-达令流域，那的灌溉用水占全澳大利亚灌溉用水占 2/3 以上[1]，然而该流域的产流量仅占澳大利亚总径流量的 6%。那里的用水大部分发生在墨累河、马兰比吉河和古尔本断河三个南部山谷中[2]。这种规模的用水，是通过许多大型水坝，比如大雪山水力发电计划来实现的，这些水坝使原本流入下游的水被分流进入运河，再通过数千公里的重力输送渠道，将水输送到广阔的灌区。在一些地区，水被输送到农场，成为园艺和葡萄栽培喷灌和滴灌的水源。西澳大利亚的诺德河计划和昆士兰的伯德金灌溉计划就是一些大规模工程灌溉的例子。

墨累-达令流域的北部和其他地方的流域也有在灌区，但规模并不相同。那些地方大型水坝的数量较少，还有一些不同类型的取水系统，包括抽取地下水、抽取河水或是利用收集储存的洪水等。这些系统通常是自给自足的，灌溉者自己负责供水。较小规模的河流系统供水量往往并不可靠，因此往往倾向于种植一年生作物，而不是园艺植物或其他永久性植物。许多澳大利亚的大宗商品都是用灌溉方式种植的，其中乳制品、棉花和糖是最大的用水户（图 8.1）。

灌溉农业高产值的特点体现在其对总产量不成比例的贡献上。尽管在 2003—2004 年间[3]，只有 0.5% 的农业用地得到灌溉，但却占农业生产总值的 23%[4]，占农业总利润的 50%[5]。尽管如此，灌溉对国内生产总值的贡献还不到 1%[4]。当然，对区域经济来说，这更加重要，2005—2006 年[6]，墨累-达令流域占区域生产总值的 9%，但和过去相比，国家和地区经济对农业的依赖程度都有所下降。一些城镇，特别是在一年生水稻和棉花种植地区，主要依靠灌溉农业和相关的加工和服务行业[6]。因此，由于干旱、气候变化或引流量的减少，对灌溉造成的任何重大变化的影响在国家层面上将是微乎其微的，区域层面的影响较小，但对于那些依赖灌溉农业的城镇和社区来说是巨大的。

现在有相当成熟的水资源管理措施来为灌溉和其他用户提供可靠和公平的供水，特别是在墨累-达令流域。最近的改革对这些措施从法律、市场和价格方面进行了加强。灌溉者拥有使用水的权利（取水许可证），这是一种名义上的历史用水量。考虑到可用水量年际变化较大，每年的用水配额不一样，

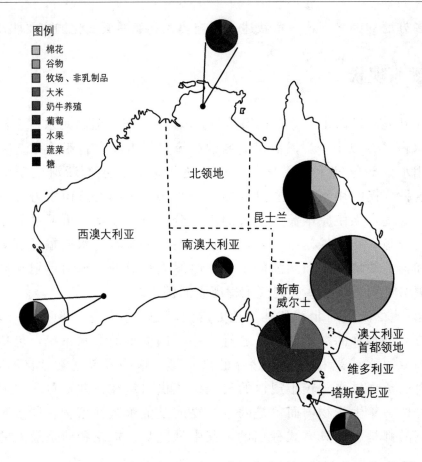

图例
棉花
谷物
牧场、非乳制品
大米
奶牛养殖
葡萄
水果
蔬菜
糖

北领地

昆士兰

西澳大利亚

南澳大利亚

新南威尔士

澳大利亚首都领地

维多利亚

塔斯曼尼亚

图 8.1　2004—2005 年度各州和主要灌溉商品的用水量（×10⁶ m³）[4]

（注：饼状图的大小，代表每个州的用水量，由于西澳大利亚州、塔斯马尼亚州和北领
地的饼状图太小，无法看到确切的规模，因此还绘制了放大版本，以显示商品细目）

在干旱年份的用水配额远远低于名义上的用水配额。例如，马兰比吉河的大
多数权利持有人在 20 世纪 90 年代近 100％的享有了年度配额的权利，但在千
禧年干旱期间，分配中的比例降至 10％。各地区的使用水权利的类型不一样。
高安全级别的用水权利水供应最可靠，通常是全额供应，非常适合多年生作
物，例如园林作物，以及城镇生活用水和工业用水。一般安全级别的用水配
额年际变化较大，它们更适合一年生作物，农民可以根据季节的分配水量来
决定是否种植灌溉作物。虽然年度配额有所不同，但农民从以往的配额中建
立长期预期，并且对用水权利可靠性下降的任何威胁都很敏感。

在墨累-达令流域，水的使用权利和季节配额都可以进行交易，从而为适
应不断变化的可用水量提供了额外的灵活性。在干旱年份，贸易会十分兴盛，
水的价格会变得很高。在 2008—2009 年度，南部的墨累-达令流域交易了

17.39 亿 m³ 的水资源配额，并交易了 10.8 亿 m³ 的水权[7]。高安全级别的水权交易价大约为 2 澳元/m³，在维多利亚州一般安全级别的水权交易价为 0.2～0.4 澳元/m³，新南威尔士南部约为 1 澳元/m³。在 2007—2008 年，用水配额交易的价格达到峰值，约为 1 澳元/m³[7]。在墨累-达令流域的南部，交易往往将用水从上游地区转移到下游灌溉地区，从牧场、水稻和其他一年生作物转移到园艺和葡萄种植上。水现在是一种有价值的商品，其交易正在改变整个流域灌溉农业的发展。虽然交易在经济上是有益的，但是仍有人担心失去水对当地社会和灌区的影响。

新南威尔士州海伊附近的灌溉渠（摄影：Greg Heath，
澳大利亚联邦科学与工业研究组织出版社）

近期事态的发展，凸显了对目前有关灌溉用水争辩的紧张局势。灌溉用水户和其他用户拥有使用具有商业价值并可以交易的水的权利。个体农民，社区，政府和其他人已投资建设基础设施来储存，转移和使用这种水。改变用水安排、用水权利和用水配额的政策必将使一些用户受到损害，并提出赔偿要求。

8.3 前景

灌溉的经济前景十分广阔。在未来几十年里，随着全球人口的增长和生活水平的不断提高，食品和纤维的需求量也会相应增加。鉴于其高产和高收益率的特性，对灌区扩张的需求也会增加。澳大利亚的食物和纤维生产量完全能满足本国人口需求且有富余，农业生产总量的 60％ 都被出口到其他国家[8]。预计到 2056 年，澳大利亚人口将增长到约 3500 万人[9]，按照目前的生产水平，仍然可以为这些增长的人口提供足够的食物。

随着需求的不断增长，预计未来几年世界主要大宗商品（粮食，肉类和乳制品）的价格会持续上升，澳大利亚的灌溉农业将会持续盈利[10]。尽管需求和价格的增长通常对灌溉农业是有利的，但是乳制品行业价格波动面临的挑战可能比气候变化或获取灌溉水等更加严峻[11]。葡萄酒行业价格低迷的情况已经持续数年，并逐渐在从优质葡萄酒向散装葡萄酒转型。葡萄酒的价格将会持续低迷[12]。因此，尽管稳定的水供应对灌溉者很重要，但价格和其他贸易条件对于盈利来说才是至关重要的。灌溉行业已经适应这些压力，因此在全球市场上仍具有竞争力。

8.4   墨累-达令流域灌溉的前景

尽管灌溉产品前景被普遍看好，但墨累-达令流域未来的灌溉供水能力仍面临一些风险。根据到 2030 年的气候变化中期预测，届时流域的河道年径流量将下降 11％（25 亿 m^3/a）[13]，随后的几十年或者在更严重的气候变化条件下，河道年径流量会进一步下降。其他对未来水资源可用量存在威胁的因素（第 2 章）包括在维多利亚东北部和新南威尔士州发生特大森林火灾后，森林的再生，新的种植园的建立，农场水坝，以及地下水使用量的增加，这些都会导致河道径流量的减少。在上述因素共同作用的影响下，到 2030 年，墨累-达令流域的河道径流量将每年减少 15 亿 m^3[13]。

由于在墨累-达令流域的生态环境回补水量增加，因此灌溉用水将继续减少。"宜居墨累"倡议旨在将 5 亿 m^3/a（平均 5 年以上）的水资源回补到环境中，但由于千禧年干旱，实际回补较少，回补水量难以保证（截至 2009 年年底）[14]。澳大利亚政府正在积极地回购水权用于恢复环境用水。截至 2011 年初，已经回收了近 10 亿 m^3。预计"墨累-达令流域计划"（撰写本书之时尚未公布）将进一步提高回补到环境中的水量。虽然对精确的数据还存在很大的争议，但为了实现河流、湖泊和湿地的可持续发展，所需的水量通常在每年 20 亿～50 亿 m^3 之间变化，并将每 10 年重新进行一次核算。

农村地区担心城市供水或工业用水的需求可能会对灌溉用水造成不利影响。位于墨累-达令流域外的阿德莱德及周边地区和城镇每年从墨累河获得约 1.8 亿 m^3 的水资源，由于新管道的铺设，墨尔本最近每年也能从该流域获得 0.75 亿 m^3 的水资源[15]。未来城市用水需求的增长部分可以通过从灌溉用水户处购买水权来解决，城市用水对消费者收取相对较高的价格使得这样的交易非常划算。与灌溉相比，城市用水量不大，但是在部分地区仍然是很重要的。

此外，部分地区关注的重点还包括水权交易的影响，这将把水资源从一些灌溉区转移到其他地区。降低灌溉的总用水量将增加资源的竞争，水权交易提高了用水的总体效率，但有人担心这对当地社区的影响和"搁浅资产"问题——即减少用水户的数量将使整个灌区变得分散，基础供水设施运行及维护的成本变高。总体而言，用户数量减少，在理想状态下，灌溉系统将撤回到利润最高地区，关闭灌渠网络中最边远和效率最低的部分，这往往会造成大量的水损失。灌溉用水户担心，"瑞士奶酪"模式正在形成，即需要放弃一些地区的水权来维持整个灌溉网络。

出售水权时设置赎回费用，以及限制水权交易的法规，是用来解决出售水权时遇到问题的两种常用方法。但它们都有限制贸易的缺点，并且不能真正解决提高制度效率的问题。例如新南威尔士州和维多利亚州一年内不得出售超过4%的水权。同时，政府正在大力投资，以改善灌溉基础设施，使其更有效率，但是并不知道这些设施是否能够长期使用。这些问题可以通过收取用于维持灌溉的固定和可变成本的价格来解决，但也可以通过改善每个地区的灌溉前景以及提升灌区的效率（见下文）来缓解。

8.5 千禧年干旱期的灌溉

千禧年旱灾的经验很好地说明了墨累-达令流域灌溉可能面临的变化和即将适应的类型。

从2000—2001年到2008—2009年，流域用水量下降了70%（图8.2，表8.1），这是迄今为止有记录以来的最大降幅。干旱前期，因为用水量较低，干旱对灌溉的影响较小，而且那时干旱不太严重。当发生干旱时，会停止一些用水计划，并采取紧急应对措施。因为预期未来会面临同样强度的干旱，这意味着用水户的需求将长期得不到满足。在严重干旱时期，较低的用水量将提高水资源配置的可靠性，因此需要在用水水平和可靠性之间进行权衡。

尽管在千禧年干旱期间用水量下降了70%，但灌溉农业生产总值只下降了14%（表8.1），这导致了一些人认为灌溉农业对干旱的适应能力较强，从而进一步减少了水的供应。然而，影响农业生产总值的因素有很多，每一种

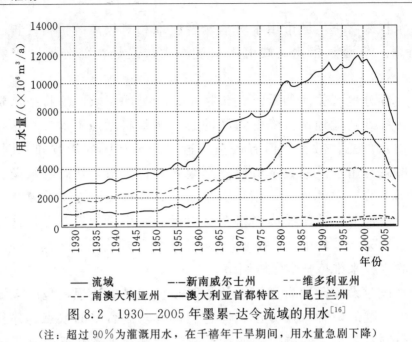

图 8.2　1930—2005 年墨累-达令流域的用水[16]

（注：超过 90％为灌溉用水，在千禧年干旱期间，用水量急剧下降）

灌溉商品对干旱的响应也不同[17]。

表 8.1　　　墨累-达令流域灌溉用水量和灌溉农业生产总值（GVIAP）

项　　目	2000— 2001 年	2005— 2006 年	2006— 2007 年	2007— 2008 年	2008— 2009 年
灌溉农业生产总值/(×10⁶澳元)	5085	5522	4922	5079	4349
用水量/(×10⁶ m³)	10516	7370	4458	3142	3492

　　一些大宗商品，特别是乳制品和谷物，在 2008 年经历了大幅涨价，这抵消了产量下降带来的影响。价格上涨掩盖了干旱对某些大宗商品造成的严重潜在影响，未来发生干旱时，这些问题将会暴露。相比之下，因为价格几乎没有变化，2005—2006 年至 2007—2008 年间棉花的总价值下降了 75％，用水量下降了 80％，产量下降了 80％。棉花属于一年生作物，农民习惯了每年棉花产量的大幅波动，但是连续几年的低产量会增加债务，降低了农场的生存能力，并对当地社区产生影响。

　　在维多利亚流域，乳制品是一种主要的商品，从 2000 年 1 月到 2007 年 8 月，它的用水量下降了约 78％，但是它的生产总值却有所上涨[18]。这一部分是由于牛奶的价格几乎翻了一倍，但同时因为水交易使得奶农可以通过购买所需的水或用出售水所得的收益购买饲料来代替种植饲料这两种方式适应更低的配额。这使得乳制品生产得以继续，只是成本比干旱之前要高。

干旱对水稻产业造成了巨大的损失。2007—2008 年的水稻产量和用水量下降到 2000—2001 年的 1%，这导致数家水稻加工厂倒闭[18]。这就说明了干旱不仅仅只对农户产生影响，同时也影响了社会和加工工业。一些稻农转而种植冬季谷物，这种谷物在干旱期间能够保持产量。水果，坚果和蔬菜等高价值商品的用水通过购买用水配额来维持，但价格很昂贵。

水权交易给个体灌溉用水户提供了便利性，据估计，在干旱最严重的时候，南部流域增加了 3.7 亿澳元的农业产值[19]。这是社会、地区和整个流域的共同收益。

干旱只是未来需要适应的变化的一个例子，但是它被视为一种暂时性的变化，且农业债务被允许临时增加。未来一些对灌溉方式产生的改变将更加持久，因此需要经济社会从根本上去适应这些变化。

8.6　灌溉发展新局面

由于灌溉农业前景良好，但墨累-达令流域的用水量却在减少，因此，政府对开发其他的灌区保有浓厚的兴趣。塔斯马尼亚的灌溉规模正在增加，计划从目前的 6.36 亿 m³/a 的基础上增加 1.20 亿 m³/a[20]，这比墨累-达令流域的规模要小。人们常推测，在澳大利亚北部和澳大利亚东海岸的流域，灌溉农业可能会有巨大的发展，但尚未全面的评估可行性和所需成本。可能的方案包括在近海河流修建大坝，并将水输送到墨累-达令流域或其他西向河流的大型计划。这样的计划在技术上是可行的，但目前还不够经济（第 1 章）[21]。

除了水资源可用量以外，任何新的发展都将受到其他因素的推动。通常还有其他的限制，例如平坦的、不会盐碱化的耕作土壤，供水是否方便等。农业的发展需要相关的加工工业、运输基础设施和市场，所有这些都需要经济可行。在干旱或潮湿的热带地区，干旱和潮湿季节的极端气候几乎不适合农作物生长，并容易诱发病虫害，这导致了过去开荒计划的失败。因此必须考虑到其他的用水户，并要负起责任，减少对环境的影响。正如第 1 章指出，新的灌溉模式将会出现，但它们不会像径流分布图（图 1.2 和图 1.3）里显示的那样容易实现。

8.7　提高灌溉系统效率

人们越来越重视提高用水效率，即使用更少的水生产更多的产品，并获得更多的利润。这主要包括两个方面：用水管理和基础设施的效率，以及灌溉农业的用水效率。

在新南威尔士州瓦加瓦加附近，洒水器正在灌溉一片苜蓿地
（摄影：Bill van Aken，澳大利亚联邦科学与工业研究组织出版社）

通过减少输水过程中的水损失可以提高供水效率。澳大利亚最大的灌溉区有发达的灌渠系统（马兰比吉灌区约有 3500km[22]，墨累灌区约有 3000km[23]，位于维多利亚州北部的古尔本—墨累地区约有 7000km[24]）。在这些灌渠的输水过程中将会损失大量的水。在马兰比吉河谷每年的田间和非田间损失的水总量为 3 亿 m³[25]。真实损失（可以被收集和更好地使用的水）需要区别于表观损失（例如地下水补给，水并没有损失掉，而是在其他地方使用）。在运河的输水过程中，渠道渗漏一般是一种表观损失，如果使地下水盐分过高而变得不适合使用，这时则是一个真实损失。在马兰比吉河谷，非田间损失量，包括水的泄漏、渗漏和从输水渠道或储水处蒸发——估计真实损失为 1.3 亿 m³/a。田间损失包括土壤表面的蒸发和咸水入侵——估计损失真实损失为 1 亿 m³/a。其余的 0.7 亿 m³/a 的损失为表观损失，包括流回河流和含水层的水，它们可以用在别的地方。

如果在计算水的总量时没有考虑水的回用量就会出现问题。例如安装更好的灌溉设施技术将使用水量减半且灌溉面积翻倍，通过更有效地利用同样的水，在两倍的面积上灌溉，减少了曾经排入河流或入渗至含水层的水量。此时，曾经在其他地方（环境或其他灌溉系统）使用过的水现在已经不再可用了。同样的情况也发生在流域的总水量交易中：忽略了损失的水中补给河流的水量。大约 10％损失的水可能会返回河流，但这一估计是非常不确定的[26]。随着水资源的管理越来越严格，灌溉回流量减少的问题可能会变得越来越重要。

对节水措施的投资需要进行全面的成本效益分析。尽管在许多情况下管道可能是不太经济的，但可以通过管道或衬砌渠道来减少非田间损失[25]。可以通过从犁沟或其他"低效"系统改用高压灌溉系统的方式，减少田间渠道的渗漏损失，并且减少由渠道和储水设施造成的蒸发损失。

测量和控制结构的现代化也提高了水基础设施的效率。传统上，用 Dethridge（由水通过通道转动水轮）来测量农田水流量，但测量的数据偏小[26]。Dethridge 正在被更精确的远程遥控渠道管理系统所取代。此外，先进的控制系统也被用来更好地管理主要供水渠道的流量，减少由农民灌溉水量过多而导致的水的损失。在气候干燥的时期，多余的水会从通道末端排出，通常会排入湿地。

新南威尔士州格里菲斯，测量灌溉用水量的转动水轮（摄影：Bill van Aken，澳大利亚联邦科学与工业研究组织出版社）

调整渠道布局可以减少蒸发，从而更加节水。一个更小、更有效的渠道布局可以使灌溉体系在更低的配额或者在交易中失去水的情况下得以维持。例如在 Torrumbarry 农场，根据土壤和水的盐度，对灌溉生产力的相对前景进行评估[27]。水很可能会从 Torrumbarry 交易出来，使那些生产力低，供水成本高的地区退出，只留下最可行的地区将是有益的（图 8.3）。如果渠道基础设施被改造到如图 8.3 所示的新的配置模式下，那么该地区将在用水

量减少的情况下，农业总产量增加 9%。可以购买其他地区的水并将其配置用
于环境流量（0.63 亿 m³，或相当于 2004—2005 年用水量的 20%）。另外，有
些地区有生态恢复的价值（黄色），而其他地区则可以恢复旱地农业生产（红
色）。因此，节约用水可能对灌溉和环境都有利。

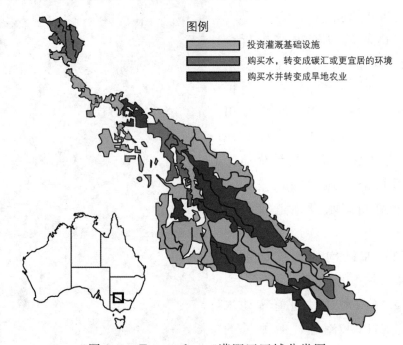

图 8.3　Torrumbarry 灌溉区区域分类图

（注：在灌溉用水减少的背景下，对投资区域进行分类。绿色区域是维持灌溉的优先地区，
因为它们是生产力最高的土地，并且供水效率最高。黄色的位置具有环境价值，
因此可以作为生态修复的优先区域。红色区域是旱地农业的优先选择，
因为用水昂贵，最不适合灌溉农业）

8.8　提高农田效率

近年来，一系列提高农田效率的手段被证明是有效的，可以对其进行改
进和推广以应对未来水供应量的减少。将整个农田视为一个企业来衡量作物
的质量，而不是作物的产量，考虑用更少的水生产更多的作物，或是用同样
的水产生更多的效益。

这些措施包括种植新品种作物、缺水灌溉的使用、监测灌溉流量、更均
匀的浇灌、更好的灌溉制度、通过渠道衬砌减少渗流损失以及将灌溉方式由
依靠重力灌溉转为喷灌或滴灌。节水灌溉的效果很显著，但代价很高昂，利

润并不总是可观的[25,28]。用水通常是农田成本的一小部分，而以上这些措施会增加其他成本，如能源和资本成本。

举个例子，新的棉花品种具有更好的耐旱性，在某些情况下，其用水效率从每1000m³水一捆棉花增加到了两捆棉花，更好的土壤管理、灌溉计划和农田设计会使水被作物更高效的利用。

对于葡萄而言，研发新的砧木，以及关于部分根区干燥和调亏灌溉的研究（施用少于作物需求的水），使用水量降低了30％～50％。这些措施降低了葡萄产量，但其质量得以提高（颜色，单宁酸等），从而提高了价格。

对于水稻，玉米和小麦等一年生作物，种植者可以将旱地农业技术纳入新的农业种植系统，优化种植方式，更好地选择灌溉时机来用有限的水灌溉。在瑞福利纳，种植耗水量比水稻更小的冬季谷物前，通过保留作物秸秆（以前不常见），保持了更多的土壤水。这显示出农田用水效率提升的巨大潜力。

IrriSATSMS（通过卫星和短信管理灌溉用水系统）是使用新技术和手段提高灌溉用水效率的一个例子。IrriSATSMS将作物生长的卫星数据与当地天气数据相结合，并通过手机向农民每天提供作物需水量的信息。这种方法的目的是为种植者提供用户友好的日常灌溉用水管理服务，并通过报告用水量和作物产量，为种植者和供水商提供一个基准和审核机制[29]。

气候变化可能会影响农作物的用水效率，并威胁到澳大利亚南部的水资源供应。二氧化碳大气浓度的增加一定程度上可能促进作物生长和水分利用效率，但这种影响很大程度上取决于作物的品种。例如，在一个2050年气候预测情境下（高二氧化碳，高温和降雨少），通过改变品种可以实现作物1％～10％

监测新南威尔士州格里菲斯灌区的土壤湿度（摄影：Greg Heath，澳大利亚联邦科学与工业研究组织出版社）

的产量增长。预测早熟谷物品种的产量将下降 2.2%。在生长季节的关键时期补充灌溉可能会减少气候变化对产量的影响，尽管这还需要进一步的研究。

8.9 结语

因此，在提高灌溉农业的产量、利润以及新的灌溉技术发展方面上仍有很大的前景。这些前景可能会胜过气候干旱，生态环境用水量的提升以及城市用水需求增加对灌溉用水造成的威胁，但这取决于每个地区的情况和地区适应性。在一些地区，灌溉农业将会增长，而另一些地区则会减少。当前其挑战在于这些转型的成本和社会的接受程度，而不会对环境造成进一步的负面影响。为满足日益增长的国内和全球人口对粮食和纤维的需求，生产力的提高也是必要的。

延伸阅读

（1）Cooperative Research Centre for Irrigation Futures Website. Irrigation toolkit. CRCIF，Darling Heights，＜http：//www. irrigationfutures. org. au/news. asp? catID＝14＞.

（2）Davidson B（1966）*The Northern Myth*. Melbourne University Press，Melbourne.

（3）Fairweather H，Austin N and Hope M（2003）'Irrigation insights 5-water use efficiency：an information package'. Land and Water Australia，Canberra，＜http：//lwa. gov. au/products/pr030566＞.

（4）Khan S，Rana T，Abbas A，Hafeez M，Hanjra M，Asghar N，Pillow R and Narayan K（2008）*Technical Manual for Assessing Hotspots in Channel and Piped Irrigation Systems*. CSIRO，Canberra，＜http：//www. environment. gov. au/water/publications/action/pubs/project-report. pdf＞.

（5）Meyer WS（2005）The irrigation industry in the Murray and Murrumbidgee basins. Cooperative Research Centre for Irrigation Futures Technical Report No. 03/05，April，pp. 26 – 40. CRCIF，Darling Heights，＜http：//www. clw. csiro. au/publications/ waterforahealthycountry/2005/IrrigationIndustryMurrayCRCIF. pdf＞. National Program for Sustainable Irrigation，＜http：//www. npsi. gov. au/national-programsustainable-irrigation/publication-and-tools＞.

（6）National Water Commission（2010）The impacts of water trading in the southern Murray - Darling Basin：an economic，social and environmental assessment. NWC，Canberra.

第 9 章

环 境 用 水

Rod Oliver，Ian Webster

本 章 摘 要

（1）水生生态系统需要地表水或地下水的水分支持才能得以维系，这些系统包括澳大利亚境内重要的河流、湖泊、平原、湿地和河口。

（2）对有水坝和堰的河流的管理以及从河流和地下水中提取水，这些生态系统的活力造成了威胁，导致现在很多生态系统都在退化。

（3）为了实现功能正常化，这些生态系统和生活在其中的物种不仅需要足量的水，还需要合适的季节性模式及多种条件。

（4）在为生态系统提供水分的同时，也需要提供用于消耗的水，这往往涉及取舍或折中。不同的用水制度下，理解生态系统状况有利于权衡这些，以及找到解决问题的方法。

河流、湿地、湖泊和河口由于水的抽取和使用水坝和堰对河流流量的调节而退化。依赖水的生态系统需要特定的水来维持其生存，而澳大利亚政府已承诺处理环境上不可持续的用水水平，即所谓的再分配[1]。通过限制水的使用，并通过在水计划和水坝和河流的运行中制定其他规章制度，可以为环境提供水。另外，购买和管理水权的目的是改善环境结果。通过降低开采水平，环境用水供应经常与其他用途发生冲突，其中最严重的是在墨累-达令河盆地的河流中。环境水管理正变得更加规范化，目标雄心勃勃，并涉及与其他用途的重大权衡，因此了解这些生态系统的水需求以及如何满足它们是很重要的。其中的一个关键因素是生态结果或目标的透明度，这将通过恢复或保持特定的环境用水分配来实现。

水生生态系统包括河流、湖泊、平原、湿地，它们依赖于地表水或地下水来维持自己的生物特性。如第 2 章的描述，这些水生生态系统对澳大利亚人而言有重要价值。它们提供了重要的美学价值，娱乐和文化价值，是其民族身份的一部分。水环境提供有价值的服务，如为植物和野生动物提供了良好的水质和栖息地，以及为旅游业和渔业提供了直接的经济支持。对于原住民，水环境有着浓厚的宗教价值，水与环境和生活价值交织在一起。

水生生态系统面临着几种威胁，包括由于其他土地利用导致生态环境破坏、水质下降和水生植物和动物的病虫害扩散（如鲤鱼和蟾蜍）。其中最大的一个威胁是水资源利用和水资源发展对河流流态的影响。供水基础设施，如坝、堰，从河流中抽取水分，调节下游，改变生态系统所需的流量和季节性流动的模式。生态系统可以从旱灾和洪水中自然存活，但人工造成的用水和流量调节造成了流量变化，延长或加重了干旱，以至于某些生态系统如河漫滩生态系统的压力日益增加（图 9.1）。即使在不受水坝管制的河流，在地下水含水层，水量的高消耗也会减少用于支持生态系统的水量，并威胁到生态系统所能提供的益处。堤岸和洪水漫滩上的其他结构可以将湿地和森林从洪水中分离。

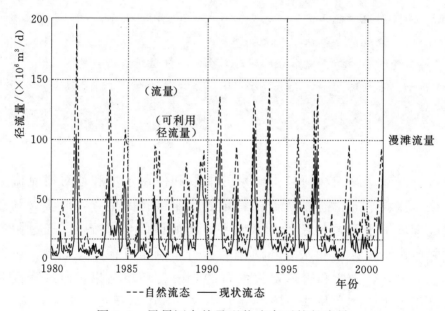

图 9.1　墨累河自然及现状流态下的径流量

管理多种用途的水资源面临的挑战在于，向环境提供足够的水量以维持生态系统和维持水质的同时，确保有效利用提取的水资源。

9.1　水生生态系统的条件

尽管水生生态系统价值很高，但是全世界的水生生态系统仍然饱受威胁[2]。世界上超过一半的大型河流系统正在通过大坝建设、河流整治和水资源利用进行中尺度或大尺度的改造，世界上近一半的湿地已经消失，但不同国家的水平不等[3]。1970—2005 年，淡水脊椎动物物种种群减少了一半，这比海洋和陆地生态系统观测到的下降更清晰[4]。

澳大利亚没有对淡水生态系统的分布或状况列一份全面的清单，尽管之前已经指出了这一问题[5,6]。目前已经观察到了许多栖息地的消失，但生态价值的损失和确切消失的物种无法确定。了解当前的生态现状对于保护环境而言是很重要的。40%的大陆是过度使用的，超过 85%的河流在一定程度上已因人类活动而退化[7]。在墨累-达令流域，23 条河流中有 20 条被评为 2008 年生态条件较差或很差的河流[8]。该流域本土鱼类的数量显著下降，已经超过过去 50 年的下降水平，鱼类群落目前减少到了前欧洲水平的 10%[9]。现在墨累-达令流域的 35 个原始鱼类中有超过半数的种类被认为处于国家、领土或联邦名录中，在地势较低的集水处，外来物种占总鱼产量的 56%[10]。大约 50%的澳大利亚湿地已经失去了其他的用途，包括 90%的墨累-达令流域漫滩湿地、50%的新南威尔士海岸湿地和 75%的西澳大利亚西南部天鹅海岸平原[11]，许多剩余的湿地正在经历河流流量的长期下降。与湿地损失相关的是澳大利亚年均水鸟数目的下降，从 1983 年的 110 万下降到了 2004 年的 20 万[12]。其他重要的水生物种，如很多大型无脊椎动物和两栖动物，其数量和分布也显著下降[13]。

南澳大利亚边界与维多利亚州之间的墨累河流量说明了与自然流动相比较目前的水流流态对比情况。河道整治和从上游取水降低了洪水频率和规模，这些洪水之前会超过漫滩流量，使洪水泛滥到了湿地和漫滩森林。在显示的 21 年期间，有 8 年流量会在自然条件下超过漫滩流量，冲到漫滩森林，在河流整治后，只有 3 年漫滩森林有水流入。大量的水溢出到河滩也远不如自然条件下发生的要多。在这一时期，自然流量下发生漫滩灌溉事件的最长时间间隔是 6 年，但在目前的体制下是 11 年。由于上游取水，与自然条件下相比，基流的性质也发生了变化，现在夏季低流量时期延长，流量减少。

9.2 水流-生态链的可持续发展

环境可持续发展要求植物和动物种群呈自我维持的状态。这意味着需要提供合适的栖息地以确保可以支持种群生命周期的各个阶段。栖息地所能提供的包括每个物种的食物来源，物种的生存条件和其他物种的生存竞争，以及繁殖。食物网（图 9.2）显示物种之前以捕食者和猎物的关系相互依赖。维持一个可行的生态系统，需要在系统中混合不同类型的物种，且保持一个相对稳定的状态。

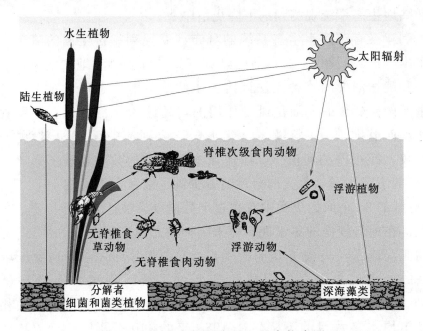

图 9.2　水生食物网中的一些食物来源

（注：深海藻类、浮游植物、水生植物和陆生植物是初级生产者，它们利用营养物和阳光生长。上述生物被食草的浮游植物和一些无脊椎动物消耗，而食草的浮游植物和一些无脊椎动物又被食肉动物和鱼类消耗）

　　水流的变化可以改变水生植物和藻类（初级生产者）的数量，导致高层次生物体的复杂变化。由于较低层次生物种群的持续增多，高层次的食肉动物也锻炼了自上而下的控制，所以水流大小必须足够支撑一个生态系统中各种类型的微生物。自然干扰，包括洪水和干旱，有助于保持物种的弹性和多样性，在系统中，没有一个物种能完全起到支配作用。

　　每个植物和动物种群也需要足够大的空间，足够分散以及相互关联，确保局部灭绝不会把整个种群置于危险之中。种群隔离，或生活环境占地面积小，它们的生存能力就会减弱。例如澳洲肺鱼，古老鱼类的一种，它们只生存在东南昆士兰的伯内特和玛丽河，由于河道整治，肺鱼很容易暴露栖息地。

　　为了向环境提供足够的水，了解河流、河漫滩、湿地和河口水生生态系统对地表水或地下变化的依赖性是有帮助的。水资源量十分重要，水流的规律也很重要，水流规律通常会受到河道管理的影响。一般来说，水流的季节性，洪水规模的大小，以及它们的持续时间影响了有机体的反馈机制，决定了适合的栖息地。许多澳大利亚的水鸟没有季节性繁殖周期，而是随机发生的，这种现象反映了澳大利亚河流的不稳定，水鸟只有在湿地被淹没几个月后才会繁衍。

9.3 河道需水量

河流有独特的流动模式，不同的流动模式定义了不同的栖息地类型，"基流"是缓慢而稳定的，"活水"指水流较快时被限制在水道内，而洪峰则蔓延到河堤之外，给冲积平原和湿地充电，并将它们与河流连接起来（图 9.3）。每条河流在水平结构上都支持了生物的多样性。

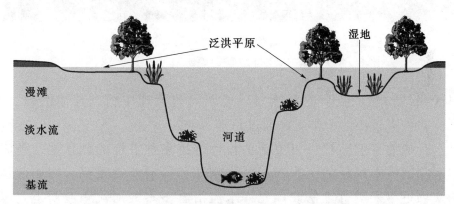

图 9.3　不同流量大小所淹没的不同河道位置
（注：漫滩水流淹没河漫滩和湿地，淡水流以急流的形式充满了大部分河道）

在河流中维持基流是很重要的，因为可能会由于上游的取水导致基流干涸或停滞。河道需要一些水流来保持栖息地的淹没状态，以此提供营养和溶解氧，并防止细颗粒泥沙和藻类沉积造成河流堵塞。一定的流量对于保证水质要求也很重要。从上游流过来的淡水流是澳大利亚的河流所必需的，因为淡水流可以稀释地下水中的盐分。正如第 5 章所解释的，有毒赤潮与水体富营养化有关，维持河流中的水流可以防止富营养化的发生[14]。建设拦水坝增加抽水深度，却减小了基流速度，削减了它们所能带来的益处。水流、湍流和光的透射度以及彼此的相互作用往往是河流食物网的关键，因为藻类是食物的主要来源[15]。

干净的水流和洪水为一些鱼类提供开始繁殖的信号。沿河栖息地的连接也很重要，因为它确保鱼类生命周期每个阶段可以处于不同的栖息地，并允许群体间杂交育种。坝、堰等的一个主要问题就是阻止了鱼类通行。鱼道通

新南威尔士州达令河伯顿鱼道（摄影：Kris Kleeman，
墨累-达令流域管理局版权所有）

过绕开这些结构从而克服这种困难，说明河流管理应辅以其他措施。然而，澳大利亚的许多较小的鱼类无法通过鱼道。

　　洪水造成的自然破坏可以更新河流，维持多种多样的栖息地。高流速对形成和清除河流中堆积的沉积物、植物物质和碎屑非常重要。例如金达比恩湖上的大坝近年来进行了修改，允许水流沿着多雪的河流顺流而下，以减少几十年洪水蓄积的沙子。达利河（北部）的洪水冲刷了池塘里的沙子，这些池塘为旱季生活在那里的动物和植物提供了深水、缓流的栖息地。

9.4　冲积平原和湿地需水

　　洪水没过河岸，淹没冲积平原和湿地，补充土壤和浅层地下水含水层，这样建立起了漫滩与河道之间的重要联系，使沉积物、营养物质、藻类、鱼类和其他生物得以交换。

　　虽然冲积平原看起来很平坦，但地形的微妙变化创造了不同频率和深度的栖息地，适合不同的植物和动物。只有大的洪水才能淹没整个漫滩，这个频率可能为每几十年一次。在低海拔地区，靠近河边的河漫滩可能每年被淹没一次（图9.4）。不同的物种适应于不同洪水频率和深度。在墨累-达令流域，红桉林生长的地方洪灾的频率通常为1～5年一次，而其物种更愿意生活在洪水发生并不那么频繁的地区。在洪水发生的间隙，树从地下水中吸收水

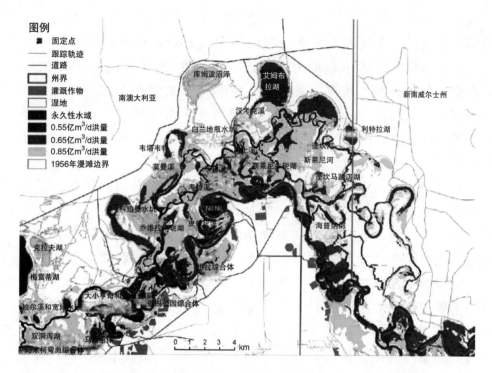

图 9.4　通过遥感技术和河道监测到在墨累河不同流量级别条件下
乔伟拉冲积平原上的洪水等级

（注：当流量达到 0.55 亿 m³/d 时，洪水淹没河道附近小范围的湿地，

当流量达到 0.85 亿 m³/d 时，大部分的河漫滩森林被淹没）

分，冲积平原土壤上的蒸发积累了盐分。地下水的补给和土壤盐分的冲洗都需要周期性的洪水。当流量调节减少了洪水发生的频率和淹没面积时，漫滩生态系统就面积而言很大程度上会萎缩。

在某些地方，河漫滩可以覆盖数万公顷的土地，并支撑着广阔的湿地，如北部与南鳄鱼河相邻的卡卡杜湿地。一些湿地由地下水连接，当产生这种联系时湿地的持水量可以达到饱和。其他湿地随着洪水蒸发而变得干旱。湿地通常有一个渠道或"洪道"将它们与河流和彼此连接起来，所以只要河流高度足够填满河道，它们就会被淹没，而不是依靠整个冲积平原的洪

黑翅长脚鹬，维多利亚州韦里贝
（摄影：John Manger，澳大利亚联邦
科学与工业研究组织出版社）

水。湿地是分布在冲积平原上，形成镶嵌图案，当水位不断增高时，不同的湿地相继被淹没，淹没频率、淹没时间和连接时长也都不同（例如 2011 年 1 月，处于威默拉河下游末端的阿尔巴库雅湖，自 1974 年以来首次蓄满）。湿地是水生植物、昆虫、水鸟、青蛙、乌龟和鱼的关键栖息地，因为湿地可以长时间蓄水。从局部，从区域和或从全国角度定义这些物种所需要的条件是一项很复杂的工作，但是持续不断的研究可以提高对冲积平原生态系统生态学的理解。

在地势较低的地方，河流与冲积平原之间的连接可以持续几周，这种连接会刺激藻类大量生长。有些动物，如浮游动物，有休眠期——它们栖息在冲积平原土壤一侧，当突然被重新湿润时，它们会出现以利用食物资源。这种水生生物与陆生植物和动物残骸混合在一起，通过回流带回河中，为河流生物提供食物。这些类型的河流被称为"洪水脉动"河流，因为其生态系统更依赖于周期性的洪水而不是从上游集水区的物质供应。在管理河道时，冲积平原和河道之间的连接经常会减少，从而剥夺了它们的食物。在对千禧年干旱时期墨累河的测量显示：冲积平原几乎没有向河流提供食物，食物网主要依靠河内的微藻生产，导致食物资源的全面枯竭[15]。

许多水鸟依靠洪水填补的大片湿地，使它们拥有合适的筑巢地点和丰富的食物资源用于繁衍。一些最重要的繁殖区主要存在于内陆河流末端大面积浅水区域（例如麦夸里河上的麦夸里沼泽，穆隆比季河上的低比季河漫滩，以及库柏溪上的昆吉湖）。如此广阔的湿地有时会被堤岸抽干或保护，使其不被淹没，以将它们变成农田，例如 3/4 的比德吉湿地已经被农业破坏。

9.5 河口需水

河口是河流和海洋之间的过渡栖息地，在这里盐度的变化对维持不同的栖息地至关重要。通常情况下，河流盐度在入海口从零开始增加。在洪水泛滥时，河口可能会被淡水冲洗，但在无淡水流的时间段内整个河口都会含盐。

河流运送沉积物，营养物质和其他物质到河口，刺激藻类和水生植物的生长（初级生产），提高河口的生产力。因为藻类和水生植物可以支持淡水和海洋物种，所以它们出现的地方往往是生物多样性较高地区。河口是沿海鱼类的温床，特别是那些流动较快的河。例如在菲茨罗伊河（昆士兰）河口的澳洲肺鱼和墨吉对虾会受到流速较快的河流的刺激[16]，可能是由于较快的流速增加了它们进入庇护所和摄取食物的机会，在成长阶段获得有机残骸作为食物的机会也增多。

由于上游水的使用，河流流量减少，改变了盐度和混合条件，会对河口产生不利影响。对于生活在河口的大多数鱼类、无脊椎动物和植物，有一个最佳盐度范围，不同的盐度会对它们的生理构造产生压力。当在河口没有河流来混合水分时，它们会形成分层，在底层会形成缺氧条件，从而造成甲壳动物和鱼的死亡。近年来，在天鹅河口，珀斯和吉普斯兰湖均发生过类似事件，这与河流流量减少有关。大河流也需要定期冲刷河口，保持它与大海连通，使鱼类和甲壳类动物迁移，以及冲洗盐和营养物质。偶尔被洪水冲洗有利于更新河口环境，确保它们能继续支撑物种的多样性。

9.6　环境用水管理

为保证有充足的水量供给环境，人们需要有一个全盘的考虑，即如何通过水资源计划和河流整治等措施来保证水量。针对不同辖区制定的环境用水规则往往是不同的[17,18]，一般来说，制定一个完备的计划包括以下步骤：

（1）确定需要被保护或恢复的地点或环境资产。

（2）描述维持生态系统所需栖息地的范围，规模和连通性，设定目标条件和可以供养的生物。

（3）评估支持不同栖息地和生物多样性所需的水量和水的输送模式。

（4）确保在可预见的气候条件、蓄水水平和用水模式下，用水计划可以为环境提供需要的水量。

（5）平衡和优化环境用水和具有其他用途与价值的用水，相应的修改目标条件和保护的资产。

（6）通过其他措施完善环境用水管理，如结构工程、流域管理和控制入侵物种。

（7）监测和评估环境用水，从物种层次到综合生态系统，评估生态系统对目标的响应，以适应管理不可预见或不确定的结果。

因为需要维持调度和其他用水需要，并不是所有河流的功能都可以得到充分的发挥，因此了解生态系统对河流每个特征的响应是很重要的。人类用水和生态系统之间不可避免地存在相互竞争的关系，因此，在维持生态系统一定功能和价值的前提下，生态系统也应该做出一定的折中或让步，以满足人类用水的需要。许多生态系统由于土地利用造成的栖息地丧失，或物种数量因水质和病虫等其他威胁而减少，这些生态系统已经不处在原始的状态，所以河流的效应也不仅仅在于提供一个自然流态用来恢复生态系统的自然状态。因此了解不同流态相对应的生态条件是很重要的，这样可以清晰地看到在权衡生态用水和人类用水时可能产生的结果。对许多水计划的批评之一是，尽管它们为环境提供了水，但要保护的生态系统资产或价值并不明确，因此，对环境流量是否真正满足生态需求几乎没有问责制[17,18]。

进行这些规划过程需要对生态系统的水需求有良好的生态理解，但也需要将这种理解整合并应用到水规划的实际考虑中，有一系列的正式技术可以做到这一点。更好地利用这些技术可以解决水资源计划的生态效益缺乏透明度的问题。

首先，有一系列的技术来描述未开发河流中重要的水流特征，并在提取或调节水的河流中识别缺失的特征，以便能够重现[19]。关于冲积平原和湿地，流量大小和洪水淹没的持续时间在一定程度上需要转换。这可以通过使用航拍照片或卫星遥感实现（图9.4）[20]。激光测高和卫星遥感得到的精确高程数据对于检测细微的地形差异是很重要的，正是这些差异导致形成了不同的植物和动物群落。

了解河流是如何创造栖息地是十分关键的第一步，但那些栖息地条件之后在生态系统中产生什么样的相应响应，才是研究的最终目的。生态响应考虑的不仅仅是个别物种（主要是针对目标物种），还应该包含以食物网和物种竞争为基础的整个生态系统[21]。生态研究对物种响应和生态系统提供了许多有益信息。虽然已经知道湿地被淹没几个月后水鸟才能成功繁殖，但是目前有证据表明，一些在墨累-达令流域繁殖的水鸟物种通过25～30天的高流量过程就可以触发其繁殖，相比其他需要50天的地方要短得多。研究表明墨累-达令流域的响应更快可能是因为北部的食物生长速度更快[22]。

个体的研究结果需要外推到更广泛的自然发生的情境中，通过从整个生态系统的功能角度来理解（如上所述的低地冲积平原的洪水脉冲行为）。概念模型用于为相似的生物类别分组，并描述各种生态系统功能，这些功能可能与河流的物理特征和水质相关。

如果能获得更好的信息，就可以建立生态系统的数值模型。它们能描述生态系统的物理环境和生态系统对环境变化的反应，以揭示它们在不同情景下的状况。一个早期的例子是墨累河流量评估模型，该模型用于研究支撑墨累河活水项目的水回流模式[23]。关于墨累河入海口库隆的研究是最近的一个例子，模型的预测结果可以根据观察到的生态系统的变化进行检验。关于生态系统将如何应对环境流量的管理，它们提出了一个假设。当实际生态系统

库隆和墨累河的河口（摄影：Michael Bell 版权所有）

的响应与假设不同时，可以通过实验来细化模型中的概念，从而更好地认识生态系统，达到改善环境流量的目标。这是适应性管理的精髓，目前正越来越多地应用于生态系统模型中。

工程措施和更广泛的流域管理可以用来提高环境水的产出。调节器、堰和堤岸用于引导水优先流向生态系统，减少损失，并在不需要的时候保护生态系统免受水的侵害。例如墨累河上的巴尔曼米尔瓦森林就有一个调节器网络来控制流向森林不同部分的流量。水也可以通过泵和管道输送，为湿地提供重要的补给。2009 年，为了缓解用水压力较大的哈塔赫湖湿地的水紫云问题，政府每天向该湿地注水 122000m³，为期 50 天。这仅仅是一种急救措施，人们仍然需要寻找可以长期解决的办法。这些水支持了红桉树的恢复，刺激了澳大利亚野鸭、潜鸭、大白鹭等水鸟的繁衍，但它并没有带来自然洪水所产生的物质交换过程。

9.7　库隆——应用生态学的理解

库隆位于墨累河入海口（图 9.5），库隆的经验为人们如何通过生态理解来设计有效的环境用水规划提供了一个宝贵的例子。库隆对于在那里筑巢繁衍的各种水鸟极为重要。大部分的淡水通过墨累河上的堰坝从库隆的入海口流入，所以，与大部分河口相反，其盐度随着距离海洋连接处越远反而增加，这是由泻湖地区的蒸发导致。目前，泻湖北部和南部的四个与特定的水位和盐度条件相关的栖息地条件已经确定，每个条件都用于供养鸟、鱼、无脊椎动物以及植物物种的独特群体[24]。发生千禧年干旱时，没有水流高于拦河坝，库隆南部泻湖盐度增加，超过海水盐度 4 倍，形成了"不健康"和"降解高盐"的状态。这种状态减少了物种的多样性。在"降解高盐"的状态下，经常会出现只有一种鱼类和一种鸟类的情况。

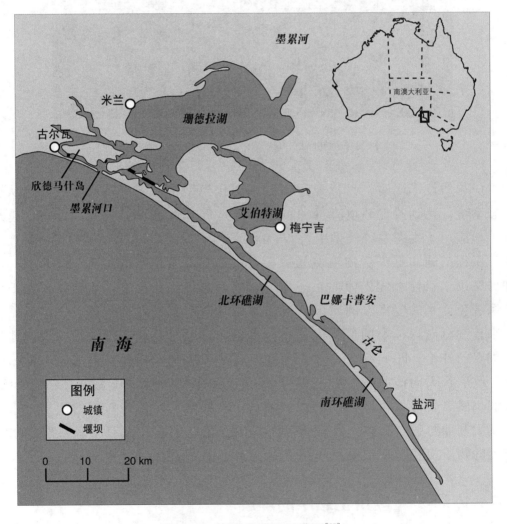

图 9.5 库隆及周边区域图[25]

(注：在稳定的高流量时期，水分通过墨累河河口和库隆附近的堰坝进行水分交换，并稀释该地区的盐度。越往东南方向，盐度越高，因为淡水不断地蒸发，剩下了盐分。在库隆，长时期的低流量过程也会增加盐度)[27]

目前已经建立了库隆的水动力模型，并用来预测淡水流通过堰坝时泻湖中的水盐平衡[26]。该模型评估了墨累河流量和各泻湖中四个生态系统状态发生几率之间的关系。根据目前在墨累–达令流域取水的水平和历史气候资料，南部泻湖发生降解"高盐状态"的几率为 20%（图 9.6）。假设通过墨累河河口的最小流量为 $1.5 \times 10^6 \, \mathrm{m^3/d}$，根据墨累河活水方案显示，降低盐度峰值和避免"降解高盐"状态的可能性为 99%。要想达到 $1.5 \times 10^6 \, \mathrm{m^3/d}$ 的最小流量指标，只需要排放比平均流量高 4% 的水量。这表明流量相对平稳的增长可以明显改善库隆的生态条件，但在高盐状态下则需要较大的流量。

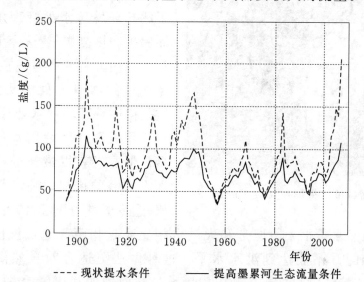

---- 现状提水条件　　——— 提高墨累河生态流量条件

(a) 现状提水条件和提高墨累河生态流量条件下库隆南部泻湖年平均盐度模拟值

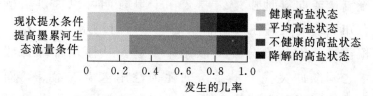

(b) 现状提水条件和提高墨累河生态流量条件下四种生态系统状态发生的几率

图 9.6　现状提水条件和提高墨累河生态流量条件下库隆南部泻湖年平均盐度
模拟值及四种生态系统状态发生的几率[27]

9.8　环境用水运营

环境用水是通过水资源共享计划来调节用水的。大坝的运行规则（在规定的河流）确保水向下游排放，以维持基本水流、传输所需时间、持续时间和高峰期的洪水，或最大限度地减少下游水源的持续供水损害。

目前，政府又对这些措施进行了补充，环境供水与灌溉和城市供水用户有相同的用水权利。政府每年根据这些权利分配水资源，在这种情况下，为达到环境目标，环境用水管理机构（其他用户）可以决定使用这些配置水量以达到最好的生态结果。关于环境用水权益，早期有一个例子——墨累活水项目，该项目规定每年从所取水量中回流高达 5 亿 m³ 的水量，回流到墨累河沿河设置的具有生态意义的六个站点。州政府拥有类似的提供环境用水的权利，2007 年水法案（共和国）建立了联邦环境保水处管理水资源，从而保护和恢复墨累-达令流域的环境资产。澳大利亚政府正在从墨累-达令流域的灌溉方处购买用水权利，这是由联邦环境保水处管理的。

北领地猪鼻龟（摄影：John Cann）

积极管理环境用水的好处有很多，但要想获得最佳的生态结果会面临许多的挑战。环境管理者在墨累-达令流域分配了 10 亿 m³ 的环境用水权利。虽然水量很大，但是和大洪水相比还是相距甚远，仅仅从大坝泄水进行环境分配并不能达到洪水水平，这种做法更适合对自然洪水补充或"捎带"以延长持续时间，或拓展淹没区域，从而增加其环境效益。水要么可以用来维持河流流量或向湿地供应，要么在干旱时期可以提供给栖息地防止水质变差。生态知识帮助人们在最需要水的地方进行调水。

基于环境权益进行的年度分配可以用于交易，从而增加环保收入、减少消费和环境用水之间的冲突。干旱年份的耗损性用水需求最高，而一些生态效果在湿润年份最佳，所以在旱涝年份两类用户之间的交易分配可以互惠互利。有很多的实例说明水环境管理将如何精细化。从有限的资源中获得优化结果是一个复杂的问题，对生态系统进行精准的理解是实现最佳收益的基础。

9.9　结语

近几年，有关环境用水的政策和立法得到了加强，但水资源计划中对这些规则的实施速度一直较慢。在许多水资源计划中，对于生态条件的描述都较为有限，生态结果往往不确定，他们缺乏详细的监测、评价和与环境结果相关联的报告。制定健康的环境用水计划需要良好的可以应用的生态知识，并考虑与水生生态环境管理环节有关的发展前景，从而找到更好的与自然相处的方式，恢复和保护关键的环境资产。

随着水资源利用的竞争愈加激烈，为了提高效率和最大限度地利用水资源，环境用水管理将面临来自各方面的巨大压力，需要运用全面的生态知识来证明生态环境保护的效果及其对社会的价值。

延伸阅读

(1) Department of Sustainability，Environment，Water，Population and Communities（2011）Australia's Ramsar-listed wetlands，<http：//www. environment. gov. au/water/topics/wetlands/ramsarconvention/index. html>.

(2) Hamstead M（2009）Improving environmental sustainability in water planning. Waterlines Report No 20. National Water Commission，Canberra.

(3) National Land and Water Resources Audit（2002）Australians and Natural Resource Management：An Overview-Australia. Commonwealth of Australia，Canberra.

(4) Saintilan N and Overton IC（Eds）（2010）Ecosystem Response Modelling in the Murray-Darling Basin. CSIRO Publishing，Melbourne.

(5) Beeton RJS，Buckley KI，Jones GJ，Morgan D，Reichelt RE and Trewin D（Australian State of the Environment Committee）（2006）State of the Environment，2006. Independent report to the Australian Government Minister for the Environment and Heritage. Department of the Environment and Heritage，Canberra.

(6) Young B（Ed.）（2001）Rivers as Ecological Systems：The Murray-Darling Basin. Murray-Darling Basin Commission，Canberra.

第 10 章

采 矿 业 与 工 业 用 水

Ian P Prosser，Leif Wolf，Anna Littleboy

本 章 摘 要

（1）采矿业、制造业和其他工业行业耗水量占澳大利亚总耗水量的20%。在城市以及一些超额用水的农村用水系统中，在同样的用水矛盾下，采矿业和工业用水比其他用水户更加高效。

（2）通过采用新技术，更有效的工艺，结合再利用和循环利用以及寻找替代水源，提高了水的利用效率。

（3）采矿业需要大量工业用水，且该行业正在快速发展，而且经常在"自己供水"的偏远地区开采。它向环境排放大量的水，因此需要对水质的风险进行管理。

（4）煤层气是昆士兰州和新南威尔士州北部大规模扩张的产业。它给水资源管理提出了几个挑战，包括对周围含水层及其用水户的潜在影响，以及安全处理、处置或使用所提取的盐水。

10.1 一般工业用水

在详细考虑采矿用水之前，有必要概述工业用水的一些一般特征，采矿是其中的一部分。2008—2009 年度，制造业、采矿业、食品加工业、电力供应业以及其他工业行业消耗了 2.84×10^5 亿 m³ 水，约占澳大利亚当年总用水量的 20%[1]。水通常只占工业总投入的很小一部分，却创造了相当大的价值。所以与农业用水相比较，工业用水每消耗 1×10^6 m³ 的水创造的总增加值比农业用水高很多。而采矿业每消耗 1×10^6 m³ 水所创造的总增加值与制造业相同。如果水使用权的竞争是通过开放的水市场来解决的，工业用水应该更具有竞争力，因为水只占工业总投入成本的一小部分，而创造的总产值却很大。为工业用户增加边际生产力而增加额外用水的边际成本应该很低。但关键问题是，水市场的效率以及工业用水是否面临其他障碍，特别是在需要可靠供水的情况下（即高度安全的权利）。

在一些农村地区，工业产业位于水资源被充分利用的区域（例如猎人谷或墨累-达令流域），那里没有新的水资源许可去供应工业规模的进一步扩大，或者说该区域的水资源许可中，总的供水量实际上正在减少。在这些情况下，工业用水往往不受欢迎，并且可能受到社会压力的影响[2]。虽然可以通过水权交易市场购买水资源取水许可来增加工业用水量，用以满足不断增长的工业用水需求，但是工业用水需要很高的供水保证率，而且具有高供水保证率的水资源量只占总水资源量的一小部分，且这部分水资源的取水许可往往很少被拿来交易。替代解决方案可能是购买足够多的较低供水保证率的水资源用以满足工业用水需求，或者说允许工业将较低供水保证率的水资源取水许可以一个合适的汇率兑换为高供水保证率的水资源。

近年来，许多城市工业使用城市供水系统，这限制了家庭的生活用水量，这一现象使得人们提高了对工业用水户限制使用水量的预期。商业和工业用水占城市总供水的 20%～30%，并且利用几个方法来提高水资源利用率[3]。它们采用了新技术，使用水量更少，减少压力和流量（如低流速清洗工艺），并且它们使用杂用水进行供水，比如说雨水、地下水和洪水。一些用户已经开发出了完全集成的水资源管理方法，可以尽可能地循环利用水资源，尽量减少废污水排放到环境中。

位于布里斯班和黄金海岸之间的 Yatala 的福斯特啤酒厂是一个工业用水户，它通过一系列措施提高使用效率[3]。该啤酒厂一直在使用这些措施来减少由黄金海岸提供的水量，其使用量从 2005—2006 年的 $1.01 \times 10^6 \, \mathrm{m}^3$ 降至 2007—2008 年的 $8.4 \times 10^5 \, \mathrm{m}^3$。在该公司的啤酒产量增加了一倍的情况下，用水量仅增加了 15%。用水高效措施包括处理啤酒厂的废水，使其恢复纯净，并回用于清洁、蒸汽和冷却。通过利用反渗透技术处理污水，减少了盐向环境的排放量。最后的污泥也被脱水，从而将更多的废水回收利用。并且通过

西澳大利亚州的科伯恩海峡（摄影：澳大利亚联邦科学与工业研究组织）

实施更有效的工业清洗工艺，进一步减少了工业用水量。

　　企业通过用水效率的提高展现自己的社会责任感，并树立良好的企业声誉。随着一些城市地区将水价提高为原来的 2 倍以及工业企业对高供水保证率的水资源需求的增长，政府可以通过直接的财务激励措施来进一步提高工业企业的用水效率。

10.2　采矿业用水

　　采矿业用水与其他工业用水有许多相似之处，但它有一些独有的特征需要进一步研究。采矿业是一个快速增长的大型工业用水户。采矿包括矿物开采（包括煤、石油、天然气和采石）。大部分水用于干旱或半干旱地区，那里缺水并且需要分配水资源的其他用水户较少，比如农业用水和城镇用水量很少。该行业可以是最大的用水户，甚至也可以是一个关键的水供应商。这个行业主要将水供应自己使用，而这部分用水通常是与供水系统或供水设施分开管理的，以便这些供水设施为其他用水户提供供水服务。大部分的水都被提取到脱水矿井中，或者成为提取的副产品。并且这些水可能是酸性的，含有有毒的金属或其他污染物。这些水在控制其水质的情况下，通常向环境排放。但在干旱地区的这种排放行为可能足以产生改变水资源自然流态的不利影响。又或者，可以将提取的水在蒸发池中处理，不排放到自然环境中。

　　随着世界人口的增长及其向城市转移，加之生活水平的提高，人们对澳大利亚矿产和金属资源的需求将会增加。自 20 世纪 50 年代以来，大多数澳大利亚金属和煤制品的生产呈指数级增长。到目前为止，该行业的最高生产水平是煤炭。自 1994 年以来，煤炭行业的产量几乎翻了一番，由 1994 年的 456Mt/a[4] 到 2008 年的约 815Mt/a[5]。铁矿石的产量也从 1944 年的 129Mt/a 增长到 2008 年的约 340Mt/a[5]。由于生产量大大增加，高品位的矿石已经耗尽，因此该行业正在越来越多地开采较低质量的矿石，这使得生产每吨金属产品需要的水资源更多。不断增长的产品需求和不断下降的矿石质量使得持续的水资源供应成为采矿业的关键。

　　根据澳大利亚统计局（ABS）的水资源统计，采矿业的用水量相对稳定，在 1993—1994 年和 2008—2009 年分别消耗了 5.92 亿 m³ 和 5.08 亿 m³。ABS 统计的数字和一些案例研究表明，自 1994 年以来[6]，采矿的用水效率已经大大提高，尽管考虑到产量的指数级增长，效率仍需要大幅提高才能保证用水的稳定。可以认为，由于一些企业没有上报所有水的用途，例如尾矿坝中使用的水，因此有漏报的情况[5]。

　　未来几十年，铁矿石开采的发展前景十分广阔，并且蓬勃发展的煤层气行业也是一个主要的用水户。因此，采矿业对水资源的需求可能会增加。预计到 2020 年，仅澳大利亚西部地区，采矿业用水量将达到 8.1 亿～9.4 亿 $m^3/a^{[7,8]}$。

　　采矿业需要用水的过程包括[9]：

　　(1) 在泥浆和悬浮液中运输矿石和废物。

　　(2) 通过化学过程分离矿物质。

　　(3) 物理分离，如离心式分离。

　　(4) 发电机周围的冷却系统。

　　(5) 抑制扬尘，包括在矿物加工过程、输送机和道路上。

　　(6) 洗涤设备。

　　(7) 矿井排水。

　　需要优质的饮用水来支撑偏远地区发展起来的城镇安置采矿人员。

　　水非常适用于矿物加工，因为它是运输过程中间的一种低成本且低能量的材料——包括废物的处理或储存。它是提供化学品和混合材料非常有效的介质，是一些化学过程的重要组成部分，也是从矿石中分离矿物最方便的介质。

　　地下水位以下的矿井通过抽水来排水，从而降低周围的地下水位。这可能导致其他用水户可用水资源量的减少，并降低了排放到河流和其他依赖地下水的生态系统的水量。通过脱水系统的水必须安全地排放到河流、湖泊或储存起来，并可能需要加以处理以消除酸度或降低高金属浓度（第 5 章）。在 2008—2009 年，采矿业对周围环境进行有规律的水量排放，共计排放 0.37 亿 m^3，其中超过 90% 的水来自煤炭行业，且主要来自延伸到地下水位以下的大型开采煤矿[1]。由于开采产品数量庞大，煤炭是目前矿业最大的用水户。

　　水对于产量低，但是具有高价值产品的生产至关重要。比如黄金的生产，低品位矿石的运输和处理都需要水。生产一吨黄金需要超过 $2.5 \times 10^5 m^3$ 的水，但黄金的价格是如此之高，这也代表了每 $0.001 m^3$ 水有 8 万澳元的增加值[10]。另一个极端情况是，石油公司在短时间内使用相对较少量的水用于钻井，并将水作为提取的副产物进行安全处理。

　　干旱地区的矿山严重依赖于水质多变的地下水。该区域水资源的利用受原住民的许可（第 2 章）以及依赖水的生态系统的矛盾限制。采矿业提供了自己的基础设施，为偏远地区供水，因此水的供应往往是矿山开发审批的一

西澳大利亚黑旗湖附近的卡尔古利
（摄影：Bill van Aken，澳大利亚
联邦科学与工业研究组织）

部分，而不是根据水资源共享计划授权开采。其他类型的采矿业，位于水资源充分开发利用的区域，例如猎人谷，墨累-达令流域或西澳大利亚西南部的部分地区。在这些地方，尽管还有其他的用水户和供水设施，水的使用也可以是水分享计划外审批的一部分。目前尚不清楚继续将开采用水与其他用水权利分开是否合理，但在水资源开发利用充分的地区，这种分离可能会阻碍矿业公司参与水交易[2]。

对采矿业的供水压力形成了相同的自适应策略，通常是通过工业节水来减轻水资源短缺问题，包括通过使用更多高效的工艺和新技术来提高水的使用效率。干燥或接近干燥的处理技术已被应用于一些产品，如石膏、磷酸盐和铀。然而，它们带来了新的挑战（例如粉尘产生和传播），并且这是一个活跃的研究领域[10,11]。不管是一个单独用水户的用水过程中还是在与其他用水户的协调用水过程中（例如卡迪亚山谷的 Newcrest Mining 现在使用处理过的城镇废水[12]），水的再利用和再循环的水平在不断增加。采矿业通常能够使用水质较差的替代水源，并且在一些分离过程中使用高盐水使工作更高效。

澳大利亚南部采矿业的用水量不太可能受到千禧年干旱的影响，受到影响的主要是澳大利亚北部的大部分地区，其对地下水的依赖程度较高，而且可供其使用的水资源相对较少。干燥条件实际上可以减少矿山脱水量，从而降低成本。个别矿山受到干旱的影响，一些矿山，如上文提到的纽克雷斯特矿山，转向了其他可替代资源。气候变化的影响可能与干旱相似。澳大利亚南部的矿山可能会遇到较少的水资源供应，面临更严重的干旱以及向用户全面分配水资源。在气候变化影响下，澳大利亚北部采矿供水减少的可能性较小。

10.3 水和煤层气开发

昆士兰州和新南威尔士州的新煤层气开发项目目前面临的主要挑战是，作为开采过程的一部分，大量的咸水将从煤层中提取出来。关于矿业开发与农业土地利用冲突以及对地区生活方式的影响是公众普遍担忧的一部分。在世界范围内，一项从深层煤层中提取甲烷的新技术已经使以前经济条件不允许开采的地区有了前所未有的发展。昆士兰州拥有大量的煤层气储量，提取的天然气将被冷却和压缩，以生产液化天然气，体积约为天然气体积的1/600，很适合出口到中国和其他地方[13]。昆士兰州已经宣布了7个液化天然气（LNG）项目。这些项目可以一起为出口和生产提供超过50Mt/a的液化天然气，预计将迅速扩大到目前规模的15倍[14]。在过去的5年里，经证实可能的储量已经从3600PJ增加到28000PJ，而2010年昆士兰州每年的天然气用量为213PJ[15]。煤层气自1997年开始产自鲍文盆地，2005年在苏拉特盆地开始生产。在昆士兰州其他流域、新南威尔士州北部和西澳大利亚州也有已知的煤炭储量。

北卡罗来纳州兰格铀矿的自卸卡车和推土机在搬运废石（摄影：Paul Peter）

气体通过周围水的压力与煤结合，通过抽取大量的水来降低水压，把天然气从煤中释放出来。这带来了两个水资源管理方面的挑战。首先，减压可能会影响周围使用含水层水的用水户（图10.1）。其次，释放的水需要安全处置。

煤层的水因为水质不好不能用，水中含有盐和一些与煤和气相关的碳氢化合物，但减压可能会影响周围的含水层（图10.1）。在昆士兰州的煤层气业

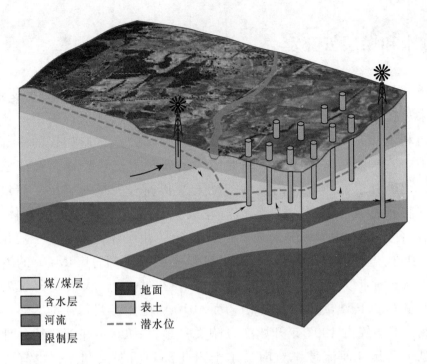

图 10.1　煤层气生产示意图

（注：许多井钻入煤层中，将煤气保存起来，将水和气体提取到地表上。与其他相邻
用水户的供水及上面覆盖的含水层的水文学联系是人们潜在关注的。管网用于将
气体和水运送到处理厂，从那里将气体输送到海岸，液化和输出）

发展中，人们担心可能与大自流、鲍恩和苏拉特盆地的可用含水层相互作用（图 10.2）。可用的含水层可能发生在煤层以上或以下，该含水层的水资源用于农业灌溉、储存和家庭用水。从煤层中抽取水可能引起周围含水层的泄漏。泄漏的程度取决于抽取的水量、含水层之间的距离以及是否存在防止泄漏的中间不透水层。初步预测对于一个产量为 40Mt/a 的矿区，抽取的最大水量达到 2.61 亿 m³/a（2.27 亿～4.19 亿 m³/a），但目前峰值已降至 1.6 亿 m³/a，并且因为这个过程被证明比预期更快，这一峰值可能进一步减少[16]。与 2001 年整个大自流盆地的估计钻孔流量 5 亿 m³/a 相比，这一开采速度导致自流压力降低。气水的提取发生在每个气田的许多井中（图 10.1），在昆士兰州的发展情况下，前 3 万～4 万口井的深度可达 1000m 以下。井经常布置在彼此相距几百米的格子上。

对于一些井，部分提取过程是水力断裂煤层以增加气体输出（称为裂缝）。压裂包括在高压下将大量的流体泵入井中。这将打开周围煤层的裂缝，提高水力传导性，从而使井能够有较高的天然气产量。裂缝流体由水、砂和

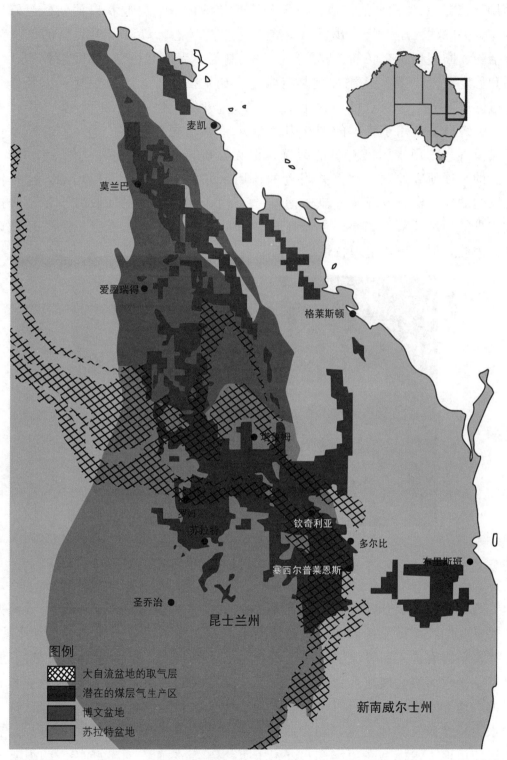

图 10.2　与苏拉特盆地、博文盆地和大自流盆地取气层有关的潜在煤层气生产区[16]

少量（＜2％）的添加剂组成。添加剂用于使液体形成凝胶状以便使砂更好地悬浮。去除注入压力后，砂子使裂缝保持张开状态。可以用于裂缝的添加剂包括酸、断裂剂、交联剂、胶凝剂、铁控制剂、表面活性剂、pH 值控制、溶剂和稳定剂[17]。有一些添加剂是有毒的。如果操作不正确，裂缝可以延伸并超过煤层，导致公众对可用含水层地下水污染的担忧。自 20 世纪 40 年代以来，裂缝已被应用于美国的 100 多万口井[18]。美国环境保护局（EPA）审查了被投诉与饮用水污染有关的裂缝，但无法确定是裂缝污染了饮用水井[19]。最近的一项研究发现，在气井附近的饮用水井中甲烷浓度有所增加，这是值得关注的，但没有发现裂缝流体污染[20]。由于裂缝流体的回收减少了裂缝造成污染的环境风险，如果煤层与水质较好的含水层分开，则可以降低环境风险。因此，对地下水水力特性的全面了解对评估裂缝的风险至关重要。

用于净化工业水的膜检测设备（摄影：David McClenaghan，
澳大利亚联邦科学与工业研究组织）

为了解决多个开发建议书中普遍提到的抽水和裂缝问题，成千上万的井需要良好的流域地质特征以及如何控制地下水压力、流量、联通关系和水质。这些资料将有助于回答煤层床和可用含水层之间将发生多少泄漏的关键问题。昆士兰州政府将完成地下水模型，以评估煤层气对 2011 年苏拉特盆地的累积影响。地下水模型通常利用水文地质（钻井日志和地下水位）、水井测试确定的水力特性以及其他信息，如含水层相互作用和水分年龄的同位素研究。工业还使用地下水模型来预测和最小化环境影响。然而，对苏拉特、鲍恩甚至大自流盆地这种规模的区域建立地下水模型，面临着巨大的挑战，尤其是因为人口稀少地区的地下水资料缺乏。大自流盆地的困难在于地下水流速缓慢，地下水年龄较大，在抽取水后产生的任何未预见后果将需要几十年或几个世纪才能通过地下水含水层显现出来。最重要的问题是区域多重发展的潜在累积影响的不确定性[21]。

根据《昆士兰环境保护（废物管理）条例》（2000）（图 10.3），抽出的水被认为是生产过程的废物，并作为规定废物进行处理、使用或处置。与其他采掘业一样，处理过的水必须能够保证使用或处置对环境无影响。水的盐度从 $200 \sim 10000 \mathrm{mg/L}$ 不等，也可能含有一些碳氢化合物和金属[22]。利用咸水灌溉可以改变土壤结构或使盐分在土壤中积累。排入河流会导致河水盐度或金属在生物体内的积累。

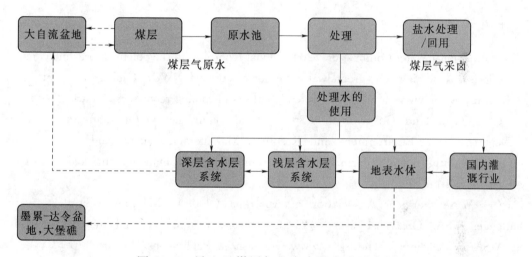

图 10.3 昆士兰煤层气生产中的水流示意图
（注：水以各种方式提取、处理和使用或处置）

过去十年来大部分提取的水直接排向蒸发池，但因担心盐水渗入土壤、含水层和河流中，预计这种水处理方式不会一直持续[16]。随后建立了一批反渗透水处理厂，以从煤层水中除去盐和污染物。这种有效地处理方式提供了大量水质较高的水以及浓盐水（体积约为原煤层水的 10%）。经处理的水适用于家庭生活、工业或农业用途，潜在用途包括采矿业的洗煤和粉尘抑制。处理后的水也可能被重新注入地下水含水层，但总是会考虑到其对含水层的影响。目前正在进行大型回灌试验和建模练习，以证明该方案的可行性，反渗透处理水的高品质表现出相对较低的风险。然而，反渗透处理水排入河流不是首选的处理方式，因为反渗透处理水可能导致"清洁水污染"——河水具有天然浓度的盐、离子和营养，以维持河流中生物的生命。这种环境中的河流是短暂的，其生态适应了季节性干旱条件，而这些条件会因不断排放处理过的水而改变。

水处理后的浓盐废物流（盐水废物流）需要处理。蒸发坝通常用来储存盐水并进一步浓缩盐。盐水可以进一步处理以提取剩余的水并产生商业上可用的盐，但该方法目前在经济上不可行。

总的来说，煤层气水的无害化环境管理是行业、政府和地区的主要关注点，这可能会延缓该资源的开发利用[23]。政府目前正在积极制定法规，并且政府、行业和地区都将从对水开采和处置风险的了解中获益，并在风险发生时提前采取适当的缓解措施。这需要对地下水系统的演变规律和特征以及它们如何随着煤层气操作而改变有较好的了解。

延伸阅读

（1）National Water Commission（2009）Final reports from the potential local and cumulative effects of mining on groundwater resources project. NWC，Canberra，＜http：//www. nwc. gov. au/www/html/2992 - potential-effects-of-mining-reports. asp？intSiteID=1＞.

（2）Queensland Government（2010）Coal seam gas water management policy. Department of Environment and Resource Management. Queensland Government，Brisbane，＜http：//www. derm. qld. gov. au/environmental_management/coal-seam-gas/water-policy. html＞.

（3）Water Services Association of Australia（2009）. Meeting Australia's water challenges. WSAA Occasional Paper No. 23 - Case studies in commercial and industrial water savings. WSAA，Melbourne，＜https：//www. wsaa. asn. au/Publications/Documents/＞.

第11章

总　结

Ian P Prosser

本 章 摘 要

（1）在广泛的经济、社会和环境价值领域，人们对水资源可能带来的效益有很高的期望。

（2）澳大利亚有足够的水资源满足其需求，但由于主要城市和墨累-达令流域对水资源的过度使用，急需寻找替代水源。

（3）对水资源的需求正在增长——从城市人口的增加，灌溉农业的发展前景，以及蓬勃发展的矿产和天然气行业——同时，社会也认识到为环境提供水的需要。

（4）气候变化给水资源带来了额外的压力，但澳大利亚对干旱和洪水的适应能力至少将有助于未来几十年对气候变化的进一步适应的管理。

（5）澳大利亚在应对水挑战方面处于有利地位：拥有安全可靠的水供应，实现了重大的水改革，拥有坚实的制度和许多创新的理念。

11.1　澳大利亚的水资源价值

澳大利亚人认为水具有经济、环境、社会和文化价值。水资源是大多数商品生产的投入，特别是食品和纤维。澳大利亚人也高度赞赏他们的河流、湖泊、河口和湿地，因为他们有强烈的归属感，他们有保护水资源和环境的愿望，这既是为了子孙后代，也是为了他们内在的生物价值。

随着时间的推移，人们对水的需求不断增长，不仅因为人口和经济的增长，还因为水的更广泛的价值得到了重视。随着水的使用增加，随着水环境被其他用途污染，水生态系统开始退化，人们越来越意识到需要保护水质，并为环境保留足够的水。人们还认识到，有些社区对水的价值，如原住民价值观，一直没有得到重视或理解。

现今，许多关于水的辩论都是如何解决价值观冲突，以及如何更有效地利用水资源来满足更广泛的愿望。科学为这场辩论提供了信息：揭示生态系

南澳大利亚的阿德莱德山（摄影：澳大利亚联邦科学与工业研究组织）

统退化和污染的后果，记录社区价值，更好地评估从水中获得的多重效益，以及为更有效的利用水资源提供解决方案。

11.2　澳大利亚的水资源状况

澳大利亚人总有一种强烈的生活在干旱大陆的感觉，尽管这是部分事实。总的来说，澳大利亚有足够的水资源来支撑其目前的使用，每年消耗 6％ 的可更新的水资源，比世界上其他地区的使用比例要低，因为尽管澳大利亚可能是一个干燥的大陆，但它人口稀少。

澳大利亚各地的水资源分布和使用情况非常不均衡。河流流量每年都是不确定的，潜在的蒸发率很高，导致灌溉和花园水的需求很高，同时导致大坝和河流的水大量流失。

人口高度集中在沿海城市，这些城市大量利用周边流域的水，同时，灌溉集中在墨累-达令流域的几个山谷中，那里水的使用在环境意义上认为是不可持续的。前所未有的千禧年干旱表明，这些集水区不能一直依赖于满足社会的需求，至少在当前的使用水平上是如此。

澳大利亚其他地区的水资源相对不发达，但其中一些地区的水生生态系统或者其他因素也具有很高的价值，如土地或作物适宜性限制了水的使用。面临的挑战是如何在不造成昂贵和不可接受的环境破坏的情况下，以一种利润导向的方式利用这些资源，并从过去过度使用水资源的过程中吸取教训。

大量缓慢变化的地下水储备可能提供更可靠的水量供应，但对可持续开采的限制也存在同样的担忧——认识到许多湿地、河流和湖泊都依赖于地下水，尤其是在旱季。过度使用还会导致盐度的增加，这可能在几十年内都不会被检测到。

人们对地下水资源的多少，可以安全使用的量，以及其他一些水平衡的问题知之甚少，比如洪泛平原和湿地的水量，以及从灌溉渠道渗出的水量。随着水资源的大量使用，了解水平衡的各个部分将变得非常重要。通过将传统的地面测量与卫星遥感、地球化学技术和水文模型相结合，能很好地实现这一过程。

11.3　未来挑战

由于人口增长、全球和国内对食品的需求增长，以及迅速增长的矿产和天然气行业，未来澳大利亚对水资源的需求将非常大。据预测，到 2050 年，澳大利亚的八大城市将每年需要 11.5 亿 m^3 额外的水资源，这相当于向两个悉尼一样规模的城市提供资源。提供这些可持续水资源的途径比从更远的集水区向城市输送水资源要多，而不仅仅是将其中的大部分水和雨水排入河流、河口和海洋。迄今为止，主要的解决方案是减少需求和兴建海水淡化厂，但也有其他可能的解决方案，包括回收利用，收集和再利用洪水。这些解决方案的能源需求比传统的要高，但是改进这些技术的效率和成本是很有前景的。社区居民对可再生饮用水的担忧也需要克服，特别是在可能的污染环境中，如药品、个人护理产品和内分泌干扰化学品。

实现用水环境的可持续性正成为一项首要挑战。澳大利亚的水生生态系统，以及具有高内在价值的生态系统，支持着诸如渔业和旅游等经济用途，并提供诸如防洪、水质和栖息地等生态系统服务。这些生态系统需要地表水或地下水来维持生存，但这不仅需要足够的水量，还需要适当的季节模式、水质和各种条件。在为生态系统提供用水的同时，还需要权衡利弊。对生态系统不同的水使用机制的响应有一个很好的理解，将有助于明白取舍，并帮助找到减少使用的方法。

目前的重点是在墨累-达令流域恢复水生生态系统。研究揭示了水流的变化是如何影响这些生态系统的，并将继续揭示生态系统的响应，如果这些水流返回到环境中，其响应是可预测的。尽管退化的程度很明显，但如何最好地实现预计的结果，其中不可避免地存在着一些不确定性，因此，在某种程度上，恢复可以被看作是一个重要的实验。随着计划的实施和认知的改进，它需要仔细的监控、评估和适应性管理。

　　全球人口的增长和生活水平的提高将会增加对食物的需求。灌溉是一种有利可图的农业生产方式，因此灌溉用水的需求将会增加，但在墨累-达令流域，由于气候变化和水对环境影响的加剧，该流域正面临着水资源可利用量减少的趋势。这推动了研究和创新举措，通过更多的节水作物、改进农业管理、水的精确应用、更有效的灌溉供应渠道和河流管理来提高灌溉农业的效率。通过对灌溉和生态系统如何利用及影响水资源的充分了解，来规划灌溉如何适应未来的环境，将改善可持续利用状况，减少不同社区愿望之间的冲突。

新南威尔士的维多利亚湖（摄影：Michael Bell，墨累-达令流域管理局版权所有）

　　采矿业是主要的用水行业，预计在干旱地区其使用量会有强劲的增长，那里的水供应有限，而且有可能与当地的水源和原始的水生态系统发生冲突。例如煤层气是一个新兴产业，它可能对周围的含水层产生潜在的影响，并要求对提取的盐水进行安全处理。这些挑战需要更好地理解深层地下水含水层以及它们之间的相互作用，我们对此满怀信心。对这个行业来说，水资源管理与其他问题交叉，如对农村生活方式的威胁。

　　在澳大利亚南部，气候变化将加剧未来的挑战，因为它将减少河流流量和补给，加剧干旱的影响，并增加对水的需求。气温上升正在发生，有证据表明全球变暖正在减少径流，但由于每年的变化如此之大，径流的趋势很难被察觉。自 20 世纪 70 年代以来，珀斯水库的径流明显减少了 55%，而澳大利亚东南部的千禧年干旱历史上前所未有。到 2030 年，气候变化可能会使某些地区的河流流量减少 10%～25%，如果气候变化没有得到缓解，到 2050 年和 2070 年将会有更大的变化。澳大利亚对高度变化的水供应的适应——通过诸如水交易、季节性分配、增加供应和节约用水等手段——应该能有效地减少水的供应，因为这些水很可能会被认为是更严重的旱灾。不断提高未来几周及未来季节水资源可用性的预测技术将有助于适应气候变化。预计到 2070 年，对水资源利用量的进一步削减，将得到根本性改变，这是由于千禧年干旱所经历的条件可能成为新的典型条件，严重损害城市供水和灌溉农业。

很难将全球气候的各个方面转化为当地的降雨和径流模式，这些模式决定了澳大利亚水文学典型的洪涝和干旱，但预测气候变化对水资源影响的能力一直在不断提高。这一能力可用于水资源规划，以探索未来的情景，并帮助充分考虑社区和环境成本，以及不同方式用水的效益。

水资源管理越来越多地集成了更广泛的社会挑战。城市水资源规划与城市总体规划集成，提高了城市的居住性和可持续性。为了改善温室气体排放，保护下游水道，提供磷和氮肥的来源，正在开发更好的废水处理方法来恢复能源和营养。在农村环境中，灌溉的未来与全球粮食安全密切相关，如果植树造林被用来抵消碳排放，水管理可能与缓解温室气体排放相交叉。人工林可以减少径流和地下水补给，但是，通过避免提供主要水库的高用水景观，或避免森林直接进入已经使用的地下水含水层，可以减少其影响。

废水处理和回收（摄影：澳大利亚联邦科学与工业研究组织）

11.4 展望

总体而言，澳大利亚在应对水资源挑战方面处于有利地位。几乎所有澳大利亚人都拥有可靠且高品质的水源，以及安全可靠的污水处理方法。相比之下，据联合国估计，全球仍有 9 亿人缺乏清洁用水，26 亿人缺乏足够的卫生设施。尽管澳大利亚面临着严峻的挑战，但它有着水管理创新的历史，这在一定程度上促进了水资源管理制度的不断成熟。一些水资源在很大程度上仍未被开发利用，因此澳大利亚有机会在未来的发展中保护其环境，而不是着手进行更加困难和昂贵的修复工作。虽然澳大利亚的一些水生生态系统已经退化，但仍然可以恢复。

尽管澳大利亚面临的主要挑战是提供水的供应来满足其所有的经济、环境、健康和社会需求，但它也面临着来自实力大国的挑战。我们需要更清楚地了解我们的水资源，以及科学技术来支持进一步创新和提高效率的巨大潜力。研究成功地解决了过去的问题，如盐分的成因，重金属对水体的污染；回答了许多新兴的问题，如生态系统将如何应对环境和新兴污染物，水资源将如何应对气候变化和地下水使用的增加，或者如何从城市供水中恢复能量和营养。有了创新的水资源管理，我们几乎没有理由认为我们不能满足对水资源的多重期望，同时我们仍然意识到我们生活在一个"干旱的国度"。

参 考 文 献

第 1 章

[1] Bureau of Meteorology (2011) Australian Water Resources Assessment 2010. Bureau of Meteorology, Canberra.

[2] National Land and Water Resources Audit (2001) Australian Water Resources Assessment 2000: Surface Water and Groundwater-Availability and Quality. Revised edn. NLWRA, Canberra.

[3] Australian Bureau of Statistics (2004) Water account, Australia, 2000 - 01. ABS cat. no. 4610. 0. ABS, Canberra, < http: //www. abs. gov. au/ausstats/absC >. nsf/mf/4610. 0>.

[4] Pigram J (2006) Australia's Water Resources: From Use to Management. CSIRO Publishing Melbourne.

[5] Food and Agriculture Organisation (2010) Aquastat Database, < http: //www. fao. org/nr/water/aquastat/main/index. stm> Accessed May 2010.

[6] Hoekstra A and Chapagain AK (2007) Water footprint of nations: water use by people as a function of their consumption pattern. Water Resource Management 21, 35 - 48.

[7] The Water Footprint Network (2010) The University of Twente, Netherlands, <http: //www. waterfootprint. org>.

[8] CSIRO (2008) 'Water availability in the Murray-Darling Basin'. A report to the Australian Government from the CSIRO Murray-Darling Basin Sustainable Yields Project. CSIRO, Canberra.

[9] Council of Australian Governments (COAG) (2004) Intergovernmental Agreement on a National Water Initiative, <www. nwc. gov. au>.

[10] Commonwealth Water Act 2007.

[11] Bureau of Rural Sciences (2010) Annual Landscape Water Balance Reporting Tool, <http: //adl. brs. gov. au/water2010/water-balance/index. phtml>.

[12] CSIRO (2009) Water availability for Tasmania'. Report one of seven to the Australian Government from the CSIRO Tasmania Sustainable Yields Project, CSIRO Water for a Healthy Country Flagship, Canberra.

[13] Peel MC, McMahon TA and Finlayson BL (2004) Continental differences in the variability of annual runoff-update and reassessment. Journal of Hydrology 295, 185 - 197.

［14］　Australian National Committee on Large Dams（2010）ANCOLD Dam Register（website），＜http：//www. ancold. org. au＞.

［15］　National Water Commission（2007）'A baseline assessment of water resources for the National Water Initiative. Key findings of the Level 2 assessment summary results'. National Water Commission，Canberra，＜http：//www. water. gov. au/publications/AWR2005_Level_2_Report_May07_part1. pdf＞.

［16］　Water Services Association of Australia（2010）water utilities. National Water Commission National performance report 2008 – 09 urban Canberra.

［17］　International Water Management Institute（2007）Water for Food，Water for Life：A Comprehensive Assessment of Water Management in Agriculture. Earthscan，London and IWMI Colombo.

［18］　CSIRO（2008）'Water availability in the Murray. A report to the Australian Government from the CSIRO Murray Darling Basin Sustainable Yields Project. CSIRO，Canberra.

［19］　Appleyard R，Ronalds B，Lowe I and Blackmore D（2006）Options for bringing water to Perth from the Kimberley：an independent review. Western Australian Department of Premier and Cabinet.

［20］　MacFarlane D（2005）'Context report on south west water resources for：Expert Panel Examining Kimberley Water Supply Options. Client report for the Western Australian Government. Water for a Healthy Country National Research Flagship，CSIRO，Perth.

［21］　Cresswell R，Petheram C，Harrington G，Buettikofer H，Hodgen M，Davies P and Li L（2009）Water resources in northern Australia. Northern Australia Land and Water Science Review Report 1. CSIRO，Canberra.

［22］　Sinclair Knight Merz（2009）Combined impact of the 2003 and 2006/07 bushfires on streamflow：broadscale assessment. Victorian Department of Sustainability and Environment，Melbourne.

［23］　Sinclair Knight Merz，CSIRO and Bureau Resources Science（BRS）（2010）Surface and/or groundwater interception activities：initial estimates. Waterlines Report Series No 30. National Water Commission，Canberra.

第 2 章

［1］　Allon F and Sofoulis Z（2006）Everyday water：cultures in transition. Australian Geographer 37，45 – 55.

［2］　Connell D，Bobbins L and Dovers S（2007）Delivering the National Water Initiative：institutional roles，responsibilities and capacities. In Managing Water for Australia. （Eds K Hussey and S Dovers）pp. 127 – 140. CSIRO Publishing，Melbourne.

［3］ Australian Bureau of Statistics（2010）'Water account, Australia, 2008 - 09'. ABS cat. no. 4610.0. ABS, Canberra.

［4］ Clouston EM（2002）Linking the ecological and economic values of wetlands: a case study of the wetlands of Moreton Bay. PhD Thesis, Griffith University, Brisbane, <http://www4. gu. edu. au: 8080/adt-root/uploads/approved/adt-QGU20030828. 1403 30/public/02 Whole. pdf>.

［5］ Nancarrow BE, Leviston Z and Tucker DI（2009）Measuring the predictors of communities' behavioural decisions for potable reuse of wastewater. Water Science and chnology 60（12）, 3199 - 3209.

［6］ Cooper B and Crase L（2008）Waste water preferences in rural towns across northeast Victoria: a choice modelling approach. Australasian Journal of Environmental Management 15（1）, 41 - 50.

［7］ Grafton RQ and Ward MB（2008）Prices versus rationing: Marshallian surplus and mandatory water restrictions. Economic Record 84, S57 - S65.

［8］ Costanza R, Arge R, de Groot R, Farber S, Grasso M, Hannon B, Limburg K, Naeem S, O'Neill RV, Paruelo J, Raskin RG, Sutton P and van den Belt M（1997）The value of the world's ecosystem services and natural capital. Nature 387, 253 - 260.

［9］ World Commission on Environment and Development（1987）Our Common Future. Oxford University Press, Oxford, UK.

［10］ Tapsuwan S, Leviston Z and Tucker D（2011）Sense of place: Perth community attitude towards places of significance on the Gnangara groundwater system. Landscape and Urban Planning 100（2011）, 24 - 34.

［11］ Diagram based on TEEB（2008）'The economics of ecosystems and biodiversity'. An interim report. European Commission, Brussels.

［12］ Australian Environment Protection and Biodiversity Conservation Act 1999, <http: //www. environment. gov. au/epbc/about/index. html>.

［13］ Convention on Wetlands of International Importance（1971）, <http: //www. ramsar. org/>.

［14］ National Land and Water Resources Audit（2002）Australian Catchment, River and Estuary Assessment 2002, Volume 1. NLWRA, Canberra.

［15］ Beeton RJS, Buckley KI, Jones GJ, Morgan D, Reichelt RE and Trewin D （Australian State of the Environment Committee）（2006）State of the Environment, 2006. Independent report to the Australian Government Minister for the Environment and Heritage. Department of the Environment and Heritage, Canberra.

［16］ Hatton MacDonald D, Tapsuwan S, Albouy S and Rimbaud A（2011）The value of tourism and recreation in the Murray Darling Basin. In Water Policy, Tourism and Recreation: Lessons from Australia. （Eds L Crase and S O'Keefe）pp. 31 -

51. Earthscan Publications, London, in press.

[17] Hatton MacDonald D, Morrison M, Rose J and Boyle K (2011) Valuing a multi-state river: the case of the River Murray. Australian Journal of Agricultural Resource Economics 55 (3), 373 – 391.

[18] Jackson S (2006) Compartmentalising culture: the articulation and consideration of Indigenous values in water resource management. Australian Geographer 37 (1), 19 – 31.

[19] Jackson S (2011) Indigenous access to water in Australia: opportunities and constraints. In Water Resources, Planning and Management. (Eds Q Grafton and K Hussey) pp. 601 – 627. Cambridge University Press, Cambridge, UK.

[20] The National Water Initiative, < http: //www. nwc. gov. au/www/html/117 – national-water-initiative. asp>.

[21] Jackson S and Morrison J (2007) Indigenous perspectives in water management, reforms and implementation. In Managing Water for Australia: The Social and Institutional Challenges. (Eds K Hussey and S Dovers) pp. 23 – 41. CSIRO Publishing, Melbourne.

[22] National Water Commission (2009) Australian water reform 2009: Second biennial assessment of progress in implementation. National Water Commission, Canberra.

[23] National Water Commission (2009) Australian water markets report 2007 – 2008. National Water Commission, Canberra.

第3章

[1] Chiew FHS (2006) Estimation of rainfall elasticity of streamflow in Australia. Hydrological Sciences Journal 51, 613 – 625.

[2] Bureau of Meteorology (2010) Australian climate influences, < http: //www. bom. gov. au/watl/about-weather-and-climate/australian-climate-influences. shtml>.

[3] CSIRO (2010) Climate variability and change in south-eastern Australia: a synthesis of findings from Phase 1 of the South Eastern Australian Climate Initiative (SEACI). CSIRO, Canberra, < http: //www. seaci. org/publications/documents/SEACI – 1} 20Reports/Phase 1 _ SynthesisReport. pdf>.

[4] Timbal B (2009) The continuing decline in south-east Australian rainfall-update to May 2009. Centre for Australian Weather and Climate Research, Melbourne, <http://www. cawcr. gov. au/publications/researchletters. php>.

[5] Lake PS (2008) Drought, the 'Creeping Disaster'-Effects on Aquatic Ecosystems. Land and Water Australia, Canberra.

[6] Murray Darling Basin Authority (MBDA) (2010) 'Guide to the Proposed Basin

Plan'. MDBA, Canberra.

[7] Potter NJ, Chiew FHS and Frost AJ (2010) An assessment of the severity of recent reductions in rainfall and runoff in the Murray-Darling Basin. Journal of Hydrology 381, 52 - 64, doi: 10. 1016/j. jhydrol. 2009. 11. 025.

[8] Chiew F, Young W, Cai W and Teng J (2011) Current drought and future hydroclimate projections in southeast Australia and implications for water resources management. Stochastic Environmental Research and Risk Assessment 25, 601 - 612, doi: 10. 1007/s00477 - 010 - 0424 - x.

[9] Bates B, Chandler SP, Charles SP and Campbell EP (2010) Assessment of apparent non-stationarity in time series of annual inflow, daily precipitation and atmospheric circulation indices: a case study from southwest Western Australia. Water Resources Research 46, doi: 10. 1029/2010 WR009509.

[10] Western Australian Water Corporation (2010) Yearly streamflow for major surface water storages. WAW C, Perth, <http: //www. watercorporation. com. au/D/dams _ streamflow. cfm>.

[11] Bates B, Hope P, Ryan B, Smith I and Charles S (2008) Key findings from the Indian Ocean Climate Initiative and their impact on policy development in Australia. Climatic Change 89, 339 - 354, doi: 10. 1007/s10584 - 007 - 9390 - 9.

[12] Bureau of Transport Economics (2001) Economic costs of natural disasters in Australia. Report 103. Bureau of Transport Economics, Canberra.

[13] Kiem AS, Franks SW and Kuczera G (2003) Multi-decadal variability of flood risk. Geophysical Research Letters 30, 1035, doi: 10. 1029/2002GL015992.

[14] Abbs D (2009) 'The impact of climate change on the climatology of tropical cyclones in the Australian region'. Technical Report, Centre for Australian Weather and Climate Research, Melbourne.

[15] Alexander LV and Arblaster JM (2009) Assessing trends in observed and modelled climate extremes over Australia in relation to future projections. International Journal of Climatology 29, 417 - 435.

[16] Chiew FHS and McMahon TA (2002) Global ENSO-streamflow teleconnection, streamflow forecasting and interannual variability. Hydrological Sciences Journal 47, 505 - 522.

[17] Australian Bureau of Meteorology (BoM) (2010), <http: //www. bom. gov. au/water/ssf>.

[18] Wang QJ, Robertson DE and Chiew FHS (2009) A Bayesian joint probability modelling approach for seasonal forecasting of streamflows at multiple sites. Water Resources Research 45, W05407, doi: 10. 1029/2008WR007355.

[19] Australian Bureau of Meteorology (BoM) (2010) Seasonal forecast of runoff into the upper catchments of the south-east Murray-Darling Basin Website, <http: //

www. bom. gov. au/water/ssf/index. shtml>.

[20] Intergovernmental Panel on Climate Change (IPCC) (2007) Climate change 2007: the physical basis. Contributions of Working Group 1 to the Fourth Assessment Report of the IPCC (Eds S Solomon, D Qin, M Manning, Z Chen, M Marquis, KB Averyt, M Tignor and HL Miller). Cambridge University Press, UK and New York, USA, <www. ipcc. ch>.

[21] Cleugh H, Stafford-Smith M, Battaglia M and Graham P (Eds) (2011) Climate Change: Science and Solutions for Australia. CSIRO Publishing, Melbourne.

[22] Cai W and Cowan T (2006) The SAM and regional rainfall in IPCC AR4 models: can anthropogenic forcing account for southwest Western Australian rainfall reduction. Geophysical Research Letters 33, L24708, doi: 10. 1029/2006GL028037.

[23] CSIRO (2007) Hydrological consequences of climate change. Summary of the main findings meeting held at CSIRO Discovery Centre, Canberra. November 15 - 16, 2007. CSIRO, Canberra.

[24] Verdon DC and Franks SW (2006) Long-term behaviour of ENSO-interactions with the PDO over the past 400 years. Geophysical Research Letters 33, L07612, doi: 10. 1029/2005GL025052.

[25] CSIRO and Australian Bureau of Meteorology (BoM) (2007) Climate change in Australia. Technical report. CSIRO, Melbourne and BoM, Melbourne, <http:// www. climatechangeinaustralia. gov. au>.

[26] Australian Government (2010) Climate change website, <http: //www. climatechangeinaustralia. gov. au/natrain 1 1 . php>.

[27] Chiew FHS, Kirono DGC, Kent DM, Frost AJ, Charles SP, Timbal B, Nguyen KC and Fu G (2010) Comparison of runoff modeled using rainfall from different downscaling methods for historical and future climates. Journal of Hydrology 387, 10 - 23, doi: 10. 1016/j. jhydrol. 2010. 03. 025.

[28] Post DA, Chiew FHS, Teng J, Vaze J, Yang A, Mpelasoka F, Smith I, Katzfey J, Marvenek S, Kirono D, Nguyen K, Kent D, Donohue R, Li L and Mcvicar T (2009) Production of climate scenarios for Tasmania. A report to the Australian Government for the CSIRO Tasmania Sustainable Yields Project. CSIRO Water for a Healthy Country Flagship, Canberra.

[29] Chiew FHS, Teng J, Vaze J, Post DA, Perraud JM, Kirono DGC and Viney NR (2009) Estimating climate change impact on runoff across south-east Australia: method, results and implications of modelling method. Water Resources Research 45, W10414, doi: 10. 1029/2008WR007338.

[30] Young WJ and Chiew FHS (2011) Climate change in the Murray-Darling Basin: implications for water use and environmental consequences. In Water Resources Planning and Management. (Eds RQ Grafton and K Hussey) pp. 439 -

459. Cambridge University Press，Cambridge，UK.

[31] Petheram C，Rustomji P and Vleeshouwer J （2009） Rainfall-runoff modelling for northern Australia. A report to the Australian Government from the CSIRO Northern Australia Sustainable Yields Project. CSIRO Water for a Healthy Country Flagship，Canberra.

[32] Silberstein RP，Aryal SK，Bari，MA，Hodgson GA，Pearcey M，Durrant J，Braccia M，Boniecka L，McCallum S，Smith K and McFarlane DM （2010） Rainfall-runoff modelling in South-west Western Australia. South-west Western Australia Sustainable Yields Project：Technical Report. CSIRO Water for a Healthy Country Flagship，Canberra.

[33] CSIRO （2008） 'Water availability in the Murray-Darling Basin'. A report to the Australian Government from the CSIRO Murray-Darling Basin Sustainable Yields Project. CSIRO，Canberra.

[34] Hampstead M，Baldwin C and O'Keefe V （2008） Water allocation planning in Australia-current practices and lessons learned. Waterlines Occasional Paper No. 6. National WaterCommission，Canberra.

第 4 章

[1] Jacobsen and Lau JE （1997） Hydrogeology map of Australia. Geoscience Australia，Canberra.

[2] Australian Bureau of Statistics （2010） 'Water account，Australia，2008 – 09'. ABS cat. no. 4610. ABS Canberra.

[3] National Water Commission （2007） A baseline assessment of water resources for the National Water Initiative. Key Findings of the Level 2 Assessment Summary Results'. National Water Commission，Canberra，www. water. gov. au/publications/ AWR 2005 _ Level _ 2 _ Report _ May07 _ partl. pdf.

[4] Sinclair Knight Merz，CSIRO and Bureau of Resources Science （2010） 'Surface and/or groundwater interception activities：initial estimates'. Waterlines Report Series No 30. National Water Commission，Canberra.

[5] Murray-Darling Basin Commission （2010） 'Water Audit Monitoring Reports 1994 – 95 to 2008 – 09'. MDBC，Canberra，<http：//mdba. gov. au/services/publications>.

[6] Winter TC，Harvey JW，Franke OL and Alley WM （1998） 'Groundwater and surface water：a single resource'. United States Geological Survey Circular 1139. USGS，Denver.

[7] Crosbie R，Jolly I，Leaney F and Petheram C （2010） Can the dataset of field based recharge estimates in Australia be used to predict recharge in data-poor areas? Hydrological and Earth System Sciences 14，1 – 16.

[8] Crosbie R，Jolly I，Leaney F，Petheram C and Wohling D （2010） Review of

Australian Groundwater Recharge Studies. CSIRO Water for a Healthy Country National Research Flagship, Canberra.

[9] Sophocleous MA (2002) From safe yield to sustainable development of water resources-the Kansas experience. Journal of Hydrology 235, 27 - 43.

[10] Hatton T and Evans R (1998) Dependence of ecosystems on groundwater and its significance to Australia. Occasional Paper No. 12/98. Land and Water Resources Research and Development Corporation, Canberra, <http: //lwa. gov. au/products/pr980270>.

[11] National Land and Water Resources Audit (2001) Australian Water Resources Assessment 2000: Surface Water and Groundwater-Availability and Quality. Revised edn. NLWRA, Canberra.

[12] CSIRO and Sinclair Knight Merz (2010) 'Report cards for Groundwater Sustainable Diversion Limit Areas for the Murray-Darling Basin Plan'. CSIRO Water for a Healthy Country National Research Flagship, Canberra.

[13] Radke BM, Ferguson J, Cresswell RG, Ransley TR and Habermehl MA (2000) 'Hydrochemistry and implied hydrodynamics of the Cadna-owie-Hooray Aquifer, Great Artesian Basin'. Bureau of Rural Sciences, Canberra.

[14] CSIRO (2007) 'Water availability in the Namoi'. A report to the Australian Government from the CSIRO Murray-Darling Basin Sustainable Yields Project. CSIRO, Canberra.

第 5 章

[1] Australian and New Zealand guidelines for fresh and marine water quality (2000), <http: //www. mincos. gov. au/publications/australian and_new_zealand_guidelines_for_fresh and_marine_water_quality>.

[2] National Water Quality Management Strategy (2011), <http: //www. environment. gov. au/water/policy-programs/nwqms/>.

[3] Warnick M (2006) 'Impacts and costs of dryland salinity'. Department of Natural Resources and Water, Queensland factsheet. DNRW, Brisbane, <http: //www. derm. qld. gov. au/factsheets/pdf/land/159. pdf>.

[4] National Land and Water Resources Audit (2001) Australian Water Resources Assessment 2000: Surface Water and Groundwater-Availability and Quality Revised edn. NLWRA, Canberra.

[5] Beeton RJS, Buckley KI, Jones GJ, Morgan D, Reichelt RE and Trewin D (Australian State of the Environment Committee) (2006) 'State of the Environment, 2006'. Independent report to the Australian Government Minister for the Environment and Heritage. Department of the Environment and Heritage, Canberra.

[6] Evans WR (1988) Shallow groundwater salinity map. Bureau of Mineral Resources

(now Geoscience Australia), Canberra.

[7] Murray-Darling Basin Commission (2003) 'Keeping salt out of the Murray'. MD-BC, Canberra, <http: //publications. mdbc. gov. au/view. php? view=423>.

[8] NSW Department of Environment Climate Change and Water (2006) 'Hunter River salinity trading scheme'. NSW DECCW, Sydney, <http: //www. environment. nsw. gov. au/resources/licensing/hrsts/hrsts. pdf>.

[9] Davis RJ and Koop K (2006) Eutrophication in Australian rivers, reservoirs and estuaries-a southern hemisphere perspective on the science and its implications. Hydrobiologia 559, 23 – 76, doi: 10. 1007/s10750 – 005 – 4429 – 2.

[10] Sherman B, Ford P, Hatton P, Whittington J, Green D, Baldwin DS, Oliver R, Shiel R, van Berkel J, Beckett R, Grey L and Maher B (2001) The Chaffey Dam Story. CRC for Freshwater Ecology, Canberra.

[11] Robb M, Greenop B, Goss Z, Douglas G and Adeney J (2003) Application of Phoslock TM, an innovative phosphorus binding clay, to two Western Australian waterways: preliminary findings. Hydrobiologia 494, 237 – 243.

[12] Prosser IP, Rutherfurd ID, Olley JM, Young WJ, Wallbrink PJ and Moran CJ (2001) Large-scale patterns of erosion and sediment transport in river networks with examples from Australia. Marine and Freshwater Research 52, 81 – 99.

[13] McKergow LA, Prosser IP, Hughes AO and Brodie J (2005) Sources of sediment to the Great Barrier Reef World Heritage Area. Marine Pollution Bulletin 51, 200 – 211.

[14] Olley JM, Murray AS, Mackenzie DM and Edwards K (1993) Identifying sediment sources in a gullied catchment using natural and anthropogenic radioactivity. Water Resources Research 29, 1037 – 1043.

[15] Hutchings P, Haynes D, Goudkamp K and McCook L (2005) Catchment to reef: water quality issues in the Great Barrier Reef Region. An overview of papers. Marine Pollution Bulletin 513 _ 8.

[16] Knox OGG, Constable GA, Pyke B and Gupta VVSR (2006) Environmental impact of conventional and Bt insecticidal cotton expressing one and two Cry genes in Australia. Australian Journal of Agricultural Research 57, 501 – 509.

[17] CSIRO Plant Industry (2007) Bollgard⑧- Ⅱ. The latest GM cotton, <http: // www. csiro. au/files/files/pjr8. pdf>.

[18] Australian Drinking Water Guidelines (2004), <http: //www. nhmrc. gov. au/ publications/synopses/eh 19syn. htm>.

[19] Teasdale PR, Apte SC, Batley GE, Ford PW and Koehnken L (2003) Geochemical cycling and speciation of copper in waters and sediments of Macquarie Harbour, Estuarine Coastal and ShelfScience 57, 475 – 487.

[20] Eustace IJ (1974) Zinc, cadmium, copper and manganese in species of finfish and

shellfish caught in the Derwent Estuary, Tasmania. Australian Journal of Marine and Freshwater Research 25, 209 – 220.

[21] Batley GE, progress Apte since SC and Stauber JL (2004) Speciation and bioavailability of trace metals in water: 1982. Australian Journal of Chemistry 57, 903 – 919.

[22] Davis GB and Patterson BM (2003) Developments in permeable reactive barrier technology. In Bioremediation: A Critical Review. (Eds IM Head, I Singleton and MG Milner) pp. 205 – 226. Horizon Scientific Press, Norwich, UK.

第 6 章

[1] United Nations (2009) World Urbanization Prospects-The 2009 Revision. United Nations, Department of Economic and Social Affairs, Population Division, New York, <http: //esa. un. org/unpd/wup/index. htm>.

[2] Australian Bureau of Statistics (2008) Population projections, Australia, 2006 to 2101. ABS cat. no. 3222. 0. ABS, Canberra, < http: //www. abs. gov. au/AUS-STATS/absC}. nsf/mf/3222. 0>.

[3] Binney P, Donald A, Elmer V, Ewert J, Phillis O, Skinner R and Young R (2010) IWA Cities of the Future Program: spatial planning and institutional reform conclusions from the World Water Congress, September 2010. IWA Cities of the Future Program. International Water Association, Melbourne, <http: // www. iwahq. org/3p/>.

[4] Newman PWG (1999) Sustainability and cities: extending the metabolism model. Landscape and Urban Planning 44, 219 – 226.

[5] Newton P (Ed.) (2008) Transitions: Pathways Towards Sustainable Urban Development in Australia. CSIRO Publishing, Melbourne.

[6] Prime Minister's Science, Engineering and Innovation Council (2010) Water for our cities: building resilience in a climate of uncertainty. PMSEIC, Canberra, <http://www. chiefscientist. gov. au/wp-content/uploads/20070622-Water-for-our-cities. pdf>.

[7] Sydney Water Corporation (2010) Water conservation and recycling implementation report 2009/10. Sydney Water Corporation, Sydney.

[8] Adapted from: Sydney Water Corporation (2010) Performance-water efficiency. In Annual Report 2010. Sydney Water Corporation, Sydney, <http: //www. sydneywater. com. au/Publications/AnnualReports. cfm>.

[9] National Water Commission and Water Services Association of Australia (2010) 'National performance report 2008 – 2009: urban water utilities'. NWC, Canberra and WSAA, Melbourne.

[10] Kenway S, Turner G, Cook S and Baynes T (2008) 'Water-energy futures for Melbourne: the effect of water strategies, water use and urban form'. CSIRO Wa-

ter for a Healthy Country National Research Flagship, Canberra.

[11] Productivity Commission (2011) Australia's urban water sector. Draft report. Productivity Commission, Canberra.

[12] National Water Commission (2011) Urban water in Australia: future directions. NWC, Canberra.

[13] Young M and McColl J (2007) Pricing your water: is there a smart way to do it? Droplet 10, <http://www.myoung.net.au/water/droplets/Pricing_water.doc>.

[14] Kenway SJ, Priestley A, Cook S, Seo S, Inman M, Gregory A and Hall M (2008) 'Energy use in the provision and consumption of urban water in Australia and New Zealand'. CSIRO Water for a Healthy Country National Research Flagship, Canberra.

[15] Kenway SJ, Lant P and Priestley A (2011) Quantifying the links between water and energy in cities. Journal of Water and Climate (in press).

[16] Riedy C, Milne G and Reardon C (2010) Hot Water Service-Fact sheet 6.5, November 2010. In Your Home Technical Manual. Department of Climate Change and Energy Efficiency, Canberra < http://www.yourhome.gov.au/technical/index.html>.

[17] Water Services Association of Australia (2007) Energy and greenhouse gas mitigation strategies. Occasional Paper 19. WSAA, Melbourne.

[18] South East Queensland Healthy Waterways (2007) Strategy overview-South East Queensland Healthy Waterways Strategy. South East Queensland Healthy Waterways Partnership, Brisbane.

[19] Foley JA, DeFries R, Asner GP, Barford C, Bonan G, Carpenter SR, Chapin FS, Coe MT, Daily GC, Gibbs HK, Helkowski JH, Holloway T, Howard EA, Kucharik CJ, Monfreda C, Patz JA, Prentice IC, Ramankutty N and Snyder PK (2005) Global consequences of land use. Science 309 (5734) 570 – 574, doi: 10.1126/science.1111772.

[20] Fane S, Blackburn N and Choong J (2010) Sustainability assessment in urban water IRP. In Integrated Resource Planning for Urban Water-Resource Papers, March 2011. Waterlines Report Series No 41, National Water Commission, Canberra.

[21] Cordell D, Drangert JO and White S (2009) The story of phosphorus: global food security and food for thought. Global Environmental Change 19 (2), 292 – 305.

[22] Water Corporation (2009)'Water forever: towards climate resilience-summary'. October 2009. West Australian Water Corporation, Perth, < http://www.thinking50.com.au/files/Water_Forever-Towards_Climate_Resilience (web).pdf>.

[23] Priestley A, Lane B, Rahilly M, Cook S and Phillis O (2010) Resource recovery and sewage treatment-outcomes from a modelling study. In OzWater'10. Australian

Water Association，Brisbane.

[24] Gray SR and Becker NSC（2002）Contaminant flows in urban residential water systems. Urban Water 4，331 – 346.

第 7 章

[1] Water Services Association of Australia（2010）Implications of population growth in Australia on urban water resources. Occasional Paper No. 25，July 2010. WSAA，Melbourne.

[2] Maheepala S and Blackmore J（2008）Integrated urban water management for cities. In Transitions：Pathways Towards Sustainable Urban Development in Australia. （Ed. PW Newton）pp. 463 – 479. CSIRO Publishing，Melbourne.

[3] Howe C，Jones RN，Maheepala S and Rhodes B（2005）'Implications of potential climate change for Melbourne's water resource'. Client report for Melbourne Water Corporation. CSIRO，Melbourne.

[4] Moglia M，Grant AL and Inman MP（2009）Estimating the effect of climate on water demand：towards strategic policy analysis. Australian Journal of Water Resources 13（2），81 – 94.

[5] Government of South Australia（2005）'Water proofing Adelaide：a thirst for change 2005 – 2025'. Government of South Australia，Adelaide.

[6] Queensland Water Commission（2010）'South East Queensland water strategy'. QWC，Brisbane，<http：//www. qwc. qld. gov. au/planning/pdf/seqws-full. pdf>.

[7] Lowering J（Chair）（2008）Water supply-demand strategy for Melbourne 2006 – 2055. City West Water，South East Water，Yarra Valley Water，and Melbourne Water，Melbourne.

[8] Water Corporation（2005）Integrated Water Supply Scheme Source Development Plan 2005：planning horizon 2005 – 2050. Water Corporation，Perth.

[9] Department of Environment，Climate Change and Water（2010）'2010 Metropolitan Water Plan，State of New South Wales'. DECCW，Sydney.

[10] Hoang M，Bolto B，Haskard C，Barron O，Gray S and Leslie G（2009）Desalination CSIRO Water for a Healthy Country Flagship，Canberra，pdf>.

[11] <http：//www. nanoh2o. com>.

[12] Tran T，Bolto B，Gray S，Hoang M and Ostarcevic E（2009）Fouling development in full-scale reverse osmosis process. Water Practice and Technology 3（4），7 – 12.

[13] Corry B（2008）Designing carbon nanotube membranes for efficient water desalination. Journal of Physical Chemistry B 112，1427 – 1434.

[14] Holt JK，Park HY，Wang Y，Stadermann M，Artyukhin AB，Grigoropoulos CP，Noy A and Bakajin O（2006）Fast Water Transport Through Carbon Nano-

tubes and Implications for Water Treatment. Australian Academy of Sciences, Canberra.

[15] Zhang J, Li J, Duke M, Xie Z and Gray S (2010) Performance of asymmetric hollow fibre membranes in membrane distillation under various configurations and vacuum enhancement. Journal of Membrane Science 362, 517 – 528.

[16] Xie Z, Ng D, Hoang M, Duong T and Gray S (2010) Separation of aqueous salt solution by pervaporation through hybrid organic-inorganic membrane: effect of operating conditions. Desalination 273, 220 – 225, doi: 0. 1016/j. desal. 2010. 10. 026.

[17] Xie Z, Hoang M, Ng D, Duong T, Dao B and Gray S (2010) Sol-gel derived hybrid polymer-inorganic membrane for pervaporation desalination process. IM-STECIO/AMS6 Conference, 22 – 26 November 2010, Sydney (unpublished conference paper).

[18] Australian Bureau of Statistics (2004) Australia's environment: issues and trends 2004. ABS, Canberra.

[19] Australian Bureau of Statistics cat. no. 4602. 0. 55. 003. ABS (2010) Environmental issues: water use and conservation. ABS Canberra.

[20] Beal C, Gardner T, Sharma A and Barton R (2010) A desktop analysis of potable water savings from mandated rainwater tanks in new dwellings, south east Queensland. (CSIRO unpublished report), < http: //www. ssee. org. au/ userfiles/file/100817 _ SEET _ presentatation _ . pdf>.

[21] Public Utilities Board (2011) NEWater. PUB, Singapore's national water agency, Website, <http: //www. pub. gov. sg/about/historyfuture/Pages/NEWater. aspx>.

[22] Groundwater Replenishment System (2011) GWRS, < http: //www. gwrsystem. com/>.

[23] The Queensland Water Commission (2010) The 7 – barrier process. QWC, Brisbane, <http: //www. qwc. qld. gov. au/prw/how. html>.

[24] Lugg R and Western Australian Department of Health (2009) 'Premier's Collaborative Research Program (2005 – 2008): characterising treated wastewater for drinking purposes following reverse osmosis treatment'. Department of Health, Perth, <http: //catalogue. nla. gov. au/Record/4901024>.

[25] Western Corridor Recycled Water Project (2009) 'Interim water quality report', WCRWP, Brisbane, <http: //www. watersecure. com. au/images/stories/reports/ interim water _ quality _ report _ feb _ 2009. pdf>.

[26] Toze S, Hodgers L, Sidhu J, Ahmed W, Mathews B and Stratton H (2011) 'Presence and removal of enteric microorganisms in south east Queensland wastewater treatment plants UWSRA Technical Report', in press, < http: // www. urbanwateralliance. org. au/publications. html>.

[27] NHMRC- NRMMC (2004) Australian Drinking Water Guidelines. NHNRC –

NRMMC，Canberra，＜http：//www. nhmrc. gov. au/ _ files _ nhmrc/file/publi-cations/synopses/adwg _ 11 _ 06. pdf＞.

[28] Prime Minister's Science，Engineering and Innovation Council Working Group (2007) 'Water for our cities：building resilience in a climate of uncertainty'. PM-SEIC Working Group，Canberra.

[29] South Australian Government（2010）'Water for good：a plan to ensure our water future to 2050'. South Australian Government，Adelaide，＜www. waterforgood. sa. gov. au/wp-content/uploads/2009/06/complete-water-for-good-plan. pdf＞.

[30] Maheepala S，Grant A，Schandl H，Oliver R，Blackmore J，Proctor W，Ashbolt S，Baynes T，Gilles J，Grigg N，Habla W，Hoskin K，Measham T，Mirza F，Qureshi E and Sharma A（2009）'Canberra integrated waterways：fea-sibility study'. Report for Territory and Municipal Services，ACT，CSIRO：Water for a Healthy Country National Research Flagship，Canberra.

[31] McJannet D，Cook F，Hartcher M，Knight J and Burn S（2008）'Evaporation reduction by monolayers：overview，modelling and effectiveness'. Technical Report No. 6. Urban Water Security Research Alliance，Brisbane.

[32] Marsden J and Pickering P（2006）'Securing Australia's urban water supplies：opportunities and impediments'. Discussion paper prepared for the Department of the Prime Minister and Cabinet，November 2006. Marsden Jacob Associates，Camberwell，Victoria.

第 8 章

[1] Australian Bureau of Statistics（2008）Water and the Murray-Darling Basin-a sta-tistical profile. ABS cat. no. 4610. 0. 55. 007. ABS，Canberra.

[2] Murray－Darling Basin Authority（2010）'Water audit monitoring reports 1994－95 to 2008－09'. MDBA，Canberra，＜http：//mdba. gov. au/services/publications＞.

[3] Australian Bureau of Statistics（2006）'Characteristics of Australia's irrigated farms 2000－01 to 2003－04'. ABS cat. no. 4623. 0. ABS，Canberra.

[4] Australian Bureau of Statistics（2006）'Water account，Australia，2004－05'. ABS cat. no. 4610. 0. ABS，Canberra.

[5] National Land and Water Resources Audit（2002）'Australians and natural resource management 2002'. NLWRA，Canberra.

[6] Australian Bureau of Agricultural and Resource Economics-Bureau of Rural Sciences（2010）'Assessing the regional impact of the Murray-Darling Basin Plan and the Australian Government's Water for the Future Program in the Murray-Darling Basin'. ABARE－BRS Canberra.

[7] National Water Commission（2009）'Australian water markets report，2008－2009'. National Water Commission，Canberra.

［8］ Roberts I，Haseltine C and Maliyasena A （2009）'Factors affecting Australian ag- ricultural exports '. Issues insights 09. 05. ABARE，Canberra，＜ http：//adl. brs. gov. au/data/warehouse/pe abare99001624/09. 5 _ issue _ ag _ exports. pdf＞.

［9］ Australian Bureau of Statistics （2008）'Population projections，Australia，2006 - 2101 ' . ABS cat. no. 3222. 0. ABS，Canberra，＜ http：//www. abs. gov. au/Ausstats/ absC} . nsf/mf/3222. 0＞.

［10］ OECD-FAO （2010） 'Agricultural outlook 2010 - 2019，highlights'. OECD-FAO， Paris，＜http：//www. agri-outlook. org/dataoecd/13/13/4 5438 52 7. pdf＞.

［11］ Dairy Australia （ 2010 ） 'Dairy situation and outlook ' . Dairy Australia， Melbourne，＜http：//www. dairyaustralia. com. au/Our-Dairy-Industry/Dairy-Situation- and-Outlook. aspx＞.

［12］ Gunning-Trant C and Kwan G （2010） Wine and wine grapes. National Outlook Conference 2 - 3 March 2010，ABARE，Canberra，＜http：//www. abares. gov. au/outlook/past-conferences＞.

［13］ CSIRO （2008） Water availability in the Murray-Darling Basin. A report to the Australian Government from the CSIRO Murray-Darling Basin Sustainable Yields Project. CSIRO，Canberra.

［14］ KPMG （2009） Progress report on The Living Murray Initiative-First Step. KPMG，Can- berra，＜http：//www. mdba. gov. au/system/files/TLM-Progress-Report. pdf＞.

［15］ Northern Victorian Irrigation Renewal Project （2011），＜http：//www. nvirp. com. au/the-project/stages. aspx＞.

［16］ Murray-Darling Basin Authority （2010） Guide to the proposed Basin Plan：over- view. Figure 3. 2. MDBA，Canberra.

［17］ Australian Bureau of Statistics （2010） Experimental Estimates of the Gross Value of Irrigated Agricultural Production，2000 - 01 to 2008 - 09. ABS cat. no. 4610. 0. 55. 008. ABS，Canberra，＜ http：//www. abs. gov. au/ausstats/absC } . nsf/ mf/4610. 0. 5 5. 008＞.

［18］ The Australian （2007） Jobs go as drought bites hard. November 10，＜http：// www. theaustralian. com. au/news/nation/jobs-go-as-drought-bites-hard/story-e6frg6nf- 1111114844861＞.

［19］ National Water Commission （2010） The impacts of water trading in the southern Murray-Darling Basin：an economic，social and environmental assessment. National Water Commission，Canberra.

［20］ CSIRO （2009） Water availability for Tasmania. Report one of seven to the Aus- tralian Government from the CSIRO Tasmania Sustainable Yields Project，CSIRO Water for a Healthy Country Flagship，Canberra，＜http：//www. csiro. au/sci- ence/TasSY. html＞.

［21］ Quiggin J （2005） Risk and water management in the Murray-Darling Basin. Murray-

Darling Program Working Paper M05♯4. Risk and Sustainable management Group, University of Queensland, Brisbane, < http：//www. uq. edu. au/rsmg/WP/WPM05 _ 4. pdf>.

[22] Murrumbidgee Irrigation Limited (2001) Company overview fact sheet. MIL, Griffith, <http：//www. mirrigation. com. au/AboutUs/Fact _ Sheet _ Company _ Overview. pdf>.

[23] Murray Irrigation Limited. MIL Infrastructure. MIL, Griffith, NSW, <http：//www. murrayir-rigation. com. au/content. aspx? p＝20051>.

[24] Goulburn Murray Water (2011) 42 facts about water. GMW, Tatura, <http：//www. g-mwater. com. au/about/42facts>.

[25] Pratt Water (2004) The business of saving water：report of the Murrumbidgee Valley Water Efficiency Feasibility Project (appendices) . Pratt Water, Campbell-field, Victoria, < http：//www. napswq. gov. au/publications/books/pratt-water/pubs/pratt-water-main. pdf (main report) and http：//www. napswq. gov. au/publica-tions/books/pratt-water/pubs/pratt-water-appendices. pdf>.

[26] Kirby M, Ahmad M, Paydar Z, Abbas A and Rana T (2010) Water savings from delivery efficiency improvements. Irrigation Australia 2010 conference, Syd-ney, 8－10 June 2010, pp. 237－238. Extended abstract only. Irrigation Australia, Sydney.

[27] Crossman ND, Connor JD, Bryan BA, Ginnivan J and Summers DM (2010) Reconfiguring an irrigation landscape to improve provision of ecosystem serv-ices. Journal of Ecological Economics 69, 1031－1042.

[28] Fairweather H, Austin N and Hope M (2003) Water use efficiency：an informa-tion package. Irrigation Insights Number 5. Land and Water Australia, Canberra.

[29] Hornbuckle JW, Car NJ, Christen EW, Stein T-M and Williamson B (2009) 'IrriSatSMS：irrigation water management by satellite and SMS-a utilisation framework'. CRC for Irrigation Futures Technical Report No. 01/09 CRCIF, Dar-ling Heights.

第 9 章

[1] Council of Australian Governments (2004) 'Intergovernmental Agreement on a National Water Initiative'. COAG, Canberra, <www. nwc. gov. au>.

[2] Revenga C, Campbell I, Abell R, de Villiers P and Bryer M (2005) Prospects for monitoring freshwater ecosystems towards the 2010 targets. Philosophical Transactions o f the Royal Society B 360, 397－413.

[3] OECD (1996) Guidelines for Aid Agencies for Improved Conservation and Sus-tainable Use of Tropical and Sub－Tropical tlands. OECD, Paris.

[4] World Water Assessment Programme (2009) 'The United Nations world water

development report 3: water in a changing world'. UNESCO, Paris and Earthscan, London.

[5] Crabb P (1997) Murray Darling Basin Resources. Murray Darling Basin Commission, Canberra.

[6] Beeton RJS, Buckley KI, Jones GJ, Morgan D, Reichelt RE and Trewin D (Australian State of the Environment Committee) (2006) 'State of the Environment, 2006'. Independent report to the Australian Government Minister for the Environment and Heritage. Department of the Environment and Heritage, Canberra.

[7] National Land and Water Resources Audit (2002) Australians and Natural Resource Management: An Overview-Australia. NLWRA, Canberra.

[8] Davies PE, Harris JH, Hillman TJ and Walker KF (2008) 'SRA report 1: a report on the ecological health of rivers in the Murray-Darling Basin, 2004 – 2007'. Prepared by the Independent Sustainable Rivers Audit Group for the Murray-Darling Basin Ministerial Council, Canberra.

[9] Lintermans M (2007) Fishes of the Murray-Darling Basin: An Introductory Guide. Murray-Darling Basin Authority, Canberra.

[10] Gilligan DM (2005) 'Fish communities of the Lower Murray-Darling catchment: status and trends'. NSW Department of Primary Industries, Cronulla, NSW.

[11] Department of the Environment and Heritage (Australia) (1997) 'Wetlands policy of the Commonwealth government of Australia'. Environment Australia, Canberra.

[12] Australian Bureau of Statistics (2010) Australia's biodiversity. In Year Book Australia 2009 – 10. pp. 1 – 24. ABS, Canberra.

[13] Roberts J and Sainty G (1996) 'Listening to the Lachlan'. Sainty and Associates, Potts Point and Murray Darling Basin Commission, Canberra.

[14] Oliver RL and Ganf GG (2000) Freshwater blooms. In The Ecology of Cyanobacteria: Their Diversiin EP in Time and Space. (Eds BA Whitton and M Potts). Kluwer Academic Publishers, Norwell, USA.

[15] Oliver R and Merrick C (2006) Partitioning of river metabolism identifies phytoplankton as a major contributor in the regulated Murray River (Australia). Freshwater Biology 51, 1131 – 1148.

[16] Robins J, Halliday I, Staunton-Smith J, Sellin M, Roy D, Mayer D, Platten J and Vance D (2005) Environmental flows for estuarine fisheries production. In Fitzroy in Focus. (Eds B Noble, A Bell, P Verwey and J Tilden) pp. 81 – 85. Cooperative Research Centre for Coastal Zone, Estuary and Waterway Management, Brisbane.

[17] Hamstead M, Baldwin C and O'Keefe V (2008) Water allocation planning in Australia-current practices and lessons learned. Waterlines Report Series No

6. National Water Commission，Canberra.

[18] National Water Commission (2009) 'Australian Water Reform 2009：second biennial assessment of progress in implementation of the National Water Initiative'. NWC，Canberra.

[19] Richter BD，Baumgartner JV，Wigington R and Braun DP (1997) How much water does a river need? Freshwater Biology 37，231 - 249.

[20] Overton IC (2005) Modelling floodplain inundation on a regulated river：integrating GIS，remote sensing and hydrological models. River Research and Applications 21 (9)，991 - 1001.

[21] Saintilan N and Overton IC (Eds) (2010) Ecosystem Response Modelling in the Murray-Darling Basin. CSIRO Publishing，Melbourne.

[22] Overton，IC，Collof MJ，Doody TM，Henderson B and Cuddy SM (2009) 'Ecological outcomes of flow regimes in the Murray-Darling Basin'. Report prepared for the National Water Commission by CSIRO Water for a Healthy Country Flagship，CSIRO，Canberra.

[23] Young W，Scott A，Cuddy S and Rennie B (2003) 'Murray flow assessment tool：a technical description'. Client report. CSIRO Land and Water，Canberra.

[24] Lester RE and Fairweather PG (2009) Modelling future conditions in the degraded semi-arid estuary of Australia's largest river using ecosystem states. Estuarine，Coastal and Shelf Science 85，1 - 11.

[25] Brookes JD，Lamontagne S，Aldridge KT，Benger S，Bissett A，Bucater M et al. (2009) 'An ecosystem assessment framework to guide management of the Coorong'. Final report of the CLLAMMecology Research Cluster. CSIRO Water for a Healthy Country National Research Flagship，Canberra.

[26] Webster IT (2010) The hydrodynamics and salinity regime of a coastal lagoon-the Coorong，Australia-seasonal to multi-decadal timescales. Estuarine，Coastal and Shelf Science 90，264 - 274.

[27] Webster IT，Lester RE and Fairweather PG (2009) 'An examination of flow intervention strategies to alleviate adverse ecological conditions in the Coorong using hydrodynamic and ecosystem response modelling'. Report to the Murray-Darling Basin Authority，Water for a Healthy Country Flagship Report，Canberra.

第 10 章

[1] Australian Bureau of Statistics (2010) Water account，Australia，2008 - 09'. ABS cat. no. 4610. 0. ABS，Canberra.

[2] ACIL Tasman (2007) Water reform and industry. Implications of recent water initiatives for the minerals，petroleum，energy，pulp and paper industries. ACIL Tasman，Melbourne.

［3］ Water Services Association of Australia（2009）Meeting Australia's water challenges-case studies in commercial and industrial water savings. WSAA Occasional Paper No. 23'. W SAA, Melbourne, ＜https：//www. wsaa. asn. au/Publications/Documents/＞.

［4］ Mudd GM（2007）'The sustainability of mining：key production trends and their environmental implications for the future'. Research report. Department of Civil Engineering, Monash University, Melbourne and Mineral Policy Institute, Sydney.

［5］ Mudd GM（2010）The environmental sustainability of mining in Australia：key mega-trends and looming constraints. Resources Policy 35, 98－115.

［6］ Australian Government（2008）Leading practice sustainable development program for the mining industry. Department of Resources Energy and Tourism, Canberra.

［7］ Chartres C and Williams J（2003）'Competition for Australia's diminishing water resources-agriculture versus industry versus environment'. Water in Mining Conference, pp. 15－24. Australasian Institute of Mining and Metallurgy, Melbourne.

［8］ Dunlop M, Foran B and Poldy F（2001）Scenarios of future water use. Report III of IV in a series on Australian water futures. Working Paper Series 01/05. CSIRO Sustainable Ecosystems, Canberra.

［9］ Brown E（2002）'Water for a sustainable minerals industry'. Report to Sustainable Minerals Institute, University of Queensland, Julius Kruttschnitt Minerals Research Centre, Brisbane.

［10］ Norgate TE and Lovell RR（2004）'Water use in metal production：a life cycle perspective'. Report DMR－2505. CSIRO Minerals, Perth.

［11］ CSIRO（2010）The science of providing water solutions for Australia, ＜http：//www. csiro. au/resources/Providing-water-solutions. html＞.

［12］ Newcrest（2010）Newcrest Mining Limited-environmental performance indicators-water, ＜http：//www. newcrest. com. au/reports/gri_report/en/GRI_EN water. asp＞.

［13］ Asia Pacific Economic Cooperation（2004）'Facilitating the development of liquefied natural gas（LNG）trade in the APEC region'. Report to Energy Ministers' Meeting Makati City, Philippines 10 June 2004, Asia-Pacific Economic Cooperation, Singapore, ＜http：//www. ret. gov. au/energy/documents/apec _ ewg/LNG}20Trade20071120104816. pdf＞.

［14］ Queensland Government（2010）'Queensland's LNG industry. A once in a generation opportunity for a generation of employment, November 2010'. Queensland Government, Brisbane, ＜http：//www. industry. qld. gov. au/key-industries/810. htm＞.

［15］ EnergyQuest（2011）Record 2010 Australian gas production. Media Release, Tuesday, 8 March 2011. EnergyQuest, Adelaide, ＜http：//www. energyquest. com. au/uploads/docs/releaserecord _ 2010 _ australian _ gas _ productionfinal8mar1lv2. pdf＞.

[16] Meecham J (2010) Healthy Head Waters Coal Seam Gas Water Feasibility Study. Queensland Water Directorate, Brisbane, < http：//www. derm. qld. gov. au/factsheets/pdf/water/w184. pdf>.

[17] URS (2010)'Hydraulic fracturing environmental assessment'. URS, Brisbane, <http：//aplng. com. au/pdf/combabula/Combabula _ Att _ 3 APLNG _ Hydraulic _ Fracturing _ Environmental _ Assessment. pdf>.

[18] American Petroleum Institute (2010) Water Management Associated with Hydraulic Fracturing-American Petroleum Institute Guidance Document HF2. 1 st edn. API Publishing Services, Washington DC.

[19] Environmental Protection Authority (2004) Evaluation of Impacts to Underground Sources of Drinking Water by Hydraulic Fracturing of Coalbed Methane Reservoirs. US EPA, Washington, <http：//www. epa. gov/safewater/uic/pdfs/cbm-study _ attach uic _ exec _ summ. pdf>.

[20] Osborn SG, Vengosh A, Warner N and Jackson RB (2011) Methane contamination of drinking water accompanying gas-well drilling and hydraulic fracturing. Proceedings of the National Academy of Sciences 108 (20), 8172－8176.

[21] Geoscience Australia and Habermehl M (2010) 'Summary of advice in relation to the potential impacts of coal seam gas extraction in the Surat and Bowen basins, Queensland'. Prepared for Australian Government Department of Sustainability, Environment, Water, Population and Communities, Canberra.

[22] Queensland Government (2010) 'Coal seam gas water management policy'. Department of Environment and Resource Management, Brisbane.

[23] McCarthy J (2010) 'JP Morgan report raises concerns over coal seam gas industry'. The Courier Mail, 15 December 2010, <http：//www. couriermail. com. au/business/jp-morgan-report-raises-concerns-over-coal-seam-gas-industry/story-e6freqmx-1225971175718>.